注音释义　名师点拨　精批详注

昆虫记

〔法〕**法布尔**　著

尹稚宁　译

U0271436

团结出版社

图书在版编目（CIP）数据

昆虫记／（法）法布尔著；尹稚宁译. — 北京：
团结出版社，2015.1（2020.5 重印）
ISBN 978 - 7 - 5126 - 3042 - 0

Ⅰ.①昆… Ⅱ.①法… ②尹… Ⅲ.①昆虫学 - 普及
读物 Ⅳ.①Q96 - 49

中国版本图书馆 CIP 数据核字（2014）第 191456 号

出　　版：团结出版社
　　　　　（北京市东城区东皇城根南街 84 号　邮编：100006）
电　　话：（010）65228880　65244790（出版社）
　　　　　（010）65238766　85113874　65133603（发行部）
　　　　　（010）65133603　　　（邮购）
网　　址：http：//www. tjpress. com
E - mail：65244790@ 163. com（出版社）
　　　　　fx65133603@ 163. com（发行部邮购）
经　　销：全国新华书店
印　　刷：三河市燕春印务有限公司

开　　本：640 毫米 ×920 毫米　16 开
印　　张：11
印　　数：10000
字　　数：165 千
版　　次：2015 年 1 月第 1 版
印　　次：2020 年 5 月第 5 次印刷

书　　号：978 - 7 - 5126 - 3042 - 0
定　　价：32. 00 元

林非

　　林非，著名学者、散文家，中国社会科学院研究生院教授、博士、研究生导师，历任中国散文学会会长、中国鲁迅研究会会长。

　　著有《鲁迅前期思想发展史略》《现代六十九家散文札记》《中国现代散文史稿》《文学研究入门》《鲁迅和中国文化》《离别》等；迄今共出版30余部著作；主编《中国散文大词典》《中国当代散文大系》等。

名师编写团队

郑晓龙	首都师大附中语文特级教师
蔡　可	北京大学文学博士，首都师范大学教育学院副教授
李春颖	首都师范大学语文教学教研室主任
徐　震	中央戏剧学院文学博士，首都师范大学文学院副教授
杨　霞	中国人民大学文学博士，首都师范大学新闻传播学系图书出版方向负责人
张四海	北京大学文学博士，首都师范大学文学院讲师
陈　虹	上海中学教学处主任，语文特级教师
张大文	复旦大学附中特级教师
李文铮	洛阳市第二外国语学校语文特级教师
赵景瑞	北京东城区教育研究中心副主任，特级教师

读到生命的最后一天（代序）

　　天下的书籍确实是谁也无法读完的，我准备充分利用自己的余生，再读一些能够启迪思想和陶冶情操的书。

　　这几年出版的书实在太多了，用迅速浏览的速度都看不过来，某些书籍受到了人们的冷落，某些书籍赢得了人们的喝彩，似乎都显得有些偶然。不过在这种偶然性的背后，最终都表现出了时代思潮的复杂趋向，而并不完全由这些书籍本身的质量和写作技巧所决定。

　　近几年来，我围绕启蒙主义和现代观念的问题写了一些论文，目的是想引起共鸣或争论，以后还愿意在思想和文化这方面继续做些研究，因此想围绕这样的研究和写作任务，读一些过去没有很好注意的书，以便增加新的知识，更好地开阔视野，从纵横这两个方面，认认真真地去思考一些问题。譬如像黄宗羲的《明夷待访录》，我曾读过多遍，向来都是惊讶和叹服于他的平等观念与民主思想。为什么300多年前的明清之际，在古老的专制王朝统治的躯壳中间，会萌生出如此符合于现代生活秩序的思想见解来呢？这是一个孤立和偶然的思想高峰，还是从当时资本主义萌芽和不断滋长的土壤中间，必然会产生出来的呢？

　　如果想一想徐渭、李贽、袁宏道、汤显祖和徐光启这些杰出的名字，又应该得到什么样的结论呢？而他们与莎士比亚、塞万提斯和伽利略，又几乎是在同一个时代出现的，这里究竟有多少属于历史与未来的必然性呢？我想再好好地研究一番，力图做出比较满意的回答来。

如果生活在今天的人们，都能够达到300多年前黄宗羲那样伟大思想家的境界，中国这一片辽阔的土地上，将会出现多少光辉灿烂的奇迹啊！可是为什么经过了300多年的漫长岁月，在今天生活里的绝大多数人，还远远没有达到他那样的思想境界呢？这难道不让人感到十分地丧气吗？

　　郁达夫说过："没有伟大的人物出现的民族，是世界上最可怜的生物之群；有了伟大的人物，而不知拥护、爱戴、崇仰的国家，是没有希望的奴隶之邦。"（《怀鲁迅》）这是说得很沉痛和感人的。

　　思考民族的前程、人类的未来，这很像听贝多芬的《第九交响曲》那样，常常会使自己激动不已，然而这就得广泛和深入地读书，否则是无法使自己的思考向前迈步，变得十分丰满和明朗起来的。我读了丘吉尔、戴高乐、阿登纳和赫鲁晓夫这些外国政治家写的回忆录，读了德热拉斯的《与斯大林的谈话》和《新阶级》，对于自己认识整个的当今世界，是起了很大作用的，我还想继续读一些这方面的书籍。

　　陶冶情操的音乐和美术论著，我已经读了不少，自然也得继续看下去。

　　我想读的书是无穷无尽的，只要还活着，我就会高高兴兴地读下去，自然在翻阅有些悲悼人类不幸命运的著作时，也会变得异常忧伤和痛苦，不过这是毫不可怕的，克服忧伤和痛苦的过程，不就是人生最大的欢乐吗？要想在社会中坚强地奋斗下去，就应该有这种心理上的充分准备。我会这样读下去的，读到生命的最后一天。

2016 年 12 月 21 日

（有删节）

名师导航

作品速览

    本书是一部概括昆虫的种类、特征、习性和婚习的昆虫学巨著，又称《昆虫世界》《昆虫物语》《昆虫学札记》或《昆虫的故事》。作为一部长篇科普文学作品，内容富含知识、趣味美感和哲理，文字清新、自然有趣。作者将昆虫的多彩生活与自己的人生感悟融为一体，用人性去看待昆虫，是一本了解自然和昆虫的经典科普读物。

认识作者

    法布尔（1823—1915），法国著名文学家、昆虫学家、动物行为学家。童年时代的法布尔便已经展现出对自然的热爱与天赋的观察力，长大后，法布尔陆续获得文学、数学、物理学和其他自然科学的学士学位与执照，并最终取得科学博士学位。

对动植物抱有极大研究热情的他，以自身丰富的知识和文学造诣，创作了各种科普书籍，给大众介绍各类自然科学知识。

创作背景

1823年12月,法布尔降生在法国南方一个贫穷的农民家中。上小学时,他常跑到乡间野外,兜里装满了蜗牛、蘑菇或其他植物、虫类。法布尔15岁考入师范学校,毕业后谋得初中数学教师职位。他花了一个月的工资,买到一本昆虫学著作,立志做一个为虫子写历史的人。靠自修,法布尔取得大学物理数学学士学位,两年后又取得自然科学学士学位。

又过一年,31岁的法布尔一举获得自然科学博士学位。他出版了《天空》《大地》《植物》以及《保尔大叔谈害虫》等系列作品。1875年,法布尔带领家人迁往乡间小镇。整理20余年资料而写成的《昆虫记》第一卷于1879年问世。

1880年,法布尔用积攒下的钱购得一老旧民宅,他用当地普罗旺斯语给这处居所取了个雅号——荒石园。年复一年,"荒石园"主人穿着农民的粗呢子外套,尖镐平铲刨刨挖挖,一座百虫乐园建成了。他把劳动成果写进一卷又一卷的《昆虫记》中。1910年,《昆虫记》第十卷问世。

人物小站

菜青虫

菜粉蝶的幼虫，它们从卵中出来后，第一件事就是啃食自己的卵壳。菜青虫食用卷心菜的速度非常快，幼虫老熟时爬至隐蔽处，先分泌黏液将臀足粘住固定，再吐丝将身体缠住，再化成蛹。

孔雀蛾

又称夜孔雀，是一种长得很漂亮的蛾。全身披着红棕色的绒毛，脖子上有一个白色的领结，翅膀上着灰色和褐色的小点儿。

舍腰蜂

也被称为金腰蜂或泥水匠蜂，头部有两只触角，以蜘蛛为食，睡觉时会咬住树干。舍腰蜂惯于用湿泥做巢，将卵下在捕获到的猎物身上并封住巢穴的洞口。这样一来，它的幼虫蛴螬能方便地品尝到柔嫩和美味的食物。

迷宫蛛

织网能手，虽然它所编织的蛛网没有粘性，但如迷宫一般复杂的蛛网是它的秘密武器。由于蛛网本身摇曳不定，很多小昆虫很难逃跑。在产卵时，迷宫蛛会放弃蛛网，另造洞穴。

松毛虫

很有集体意识的昆虫之一，会不分彼此地协助同类筑巢。它们靠着吐出的丝辨认路线，而且有很强的从众性，会不分缘由地牢牢紧跟前一只同类留下的丝线一直走。在路线呈圆形的情况下，会不停地绕圈。

CONTENTS

爱好昆虫的孩子

名师导读

　　从小，法布尔对大自然就有种特别的情感，树林里蚱蜢的叫声，马铃薯美丽的花朵，蜗贝壳上的螺旋纹，等等，这些再平淡、再细小的自然现象都能引起他的注意。与小动物相处的时光成为法布尔童年最美好的回忆，同时这份热爱之情在他心中慢慢酝酿、发酵，指引着他的人生。

　　一直以来，人们喜欢将每个人的爱好、才能和品格都归结为遗传。换句话说，人们认为，每个人的优秀品质都是从祖先身上继承来的。不过，在我看来，人们的看法并不是完全正确的。现在，我用我自己的故事，证明我喜爱昆虫的嗜好，并不是从我的哪个先辈身上继承下来的。

　　先说我的外祖父和外祖母。他们从来没有对昆虫产生过丝毫的兴趣和好感。实际上，我并不了解我的外祖父。我唯一知道的是，他曾经历了一段非常艰难的日子。我敢说，如果说他曾经和昆虫发生过关系的话，那就是他曾一脚踩死过昆虫。我的外祖母就更不可能喜欢昆虫了，因为她没有上过学，连字都不认识，更别提会有什么兴趣去观察昆虫了。家务活占据了她生活的重心，她几乎是每时每刻都在做家务，哪里会有闲暇的时间逗弄昆虫呢！如果非得将她和昆虫扯上关系，也许，每次洗菜的时候，菜叶上的昆虫是唯一有幸得到她青睐的了——她会毫不留情地带着厌恶的神态将虫子弹出去。

关于我的祖父母，我知道的比较详细。因为家境贫寒，我在很小的时候就被爸妈送到祖父祖母家，和他们一起生活。他们住在一个偏远的农村，家里几亩贫瘠的土地是他们唯一的生活来源。他们和我的外祖母一样，没有上过学，不识字。祖父非常了解牛羊的习性，不过也仅限于此，其他的动物，他都不了解。如果当时我的祖父知道，在他身边打转的孙子会走上研究昆虫的道路，他一定会怒不可遏地狠狠地赏我几个耳光，愤怒地大声叫喊："愚蠢！小小的虫子有什么好研究的！宝贵的时间和精力就这样被你浪费了！"

我的祖母是一个十分慈爱的人，她将全副身心都投入到照顾家人的工作中去了。和外祖母一样，她每天的工作也是家务活：照顾小孩、洗衣、做饭、看鸭子、纺纱、做乳酪和奶油，等等。

小时候，当我们团团围在火炉边时，她会给我们讲一些关于狼的故事。在祖母的故事里，一直充当着英雄角色的狼，时常让我们听得心惊胆战。一直以来，我非常渴望见到狼，却一直未能如愿。祖母经常将我放在她的膝盖上，用她温柔的言行化解我心中的烦忧。她将爱好工作的优良品质遗传给我，将我抚养成一个健壮的孩子。可是的确没有遗传给我爱好昆虫的天性。我一直深深地爱着她，这么多年过去了，我

名师指津

作者用幽默的语言告诉我们外祖父和外祖母对昆虫的反应，以此说明自己的爱好和遗传没有关系。

名师释疑

青睐(lài)：用正眼相看，指喜爱或尊重。青，黑色的眼珠；睐，看。

怒不可遏(è)：愤怒得难以抑制，形容愤怒到了极点。

心中的感激一点儿都没有减少。

最后，说说我的父母，他们对昆虫没有丝毫的兴趣。我的母亲没有受过教育，父亲的受教育的水平高一些，稍微能读能写，不过，迫于生计，他整天忙着工作，没有一点儿空余时间。当一个人忙得团团转，生活依然十分困苦的时候，他哪里会有闲心去培养对昆虫的热爱呢？有一次，当他看到我把一只虫子钉在软木上的时候，他狠狠地打了我一拳，这就是我从他那里得到的鼓励。

虽然我没能生活在一个自由开放的时代，却天生喜欢质疑我看到的一切，也喜欢观察我眼前的一切。每次回忆起童年，我总会想起童年那几件难忘的往事。现在，再次想起来依然觉得十分有意思。

在我五六岁的时候，有一天，我光着脚站在我们家的一块荒地上，荒地上尖锐的石子将我的脚硌得生疼。我仰起脸看着太阳，太阳的光芒让我<u>心醉神迷</u>。如果说蛾子无法抵抗光的诱惑，和蛾子比起来，我对太阳光芒的痴迷是有过之而无不及的。我站在那儿尽情地欣赏着太阳，将脚的疼痛抛到九霄云外去了。突然，我的脑海里涌现出来一个问题：我是用身体的哪个器官来欣赏这灿烂的光辉的？是嘴巴，还是眼睛呢？

看到这里，希望读者不要笑话我，即便是幼稚的提问，但这的确算得上是一种科学的提问。随后，为了找到答案，我先是将自己的眼睛闭上嘴巴张开，对着太阳，太阳消失了；接着，我睁开眼睛闭上嘴巴，对着太阳，光芒万丈的太阳又出现在我面前。为了使结果更精确可信，我反反复复实验了

名师指津

"鼓励"反语的运用，让人感到幽默的同时，实则更能体会到其中的无奈。

名师释疑

心醉神迷：指处于类似出神入迷的兴奋状态，形容佩服爱慕到极点。心醉，因喜爱而陶醉。

很多次，结果都和最初的一样。

于是，我知道看见太阳的是我的眼睛。这是一个非常令人振奋的发现！晚上回家的时候，我兴奋地将自己的发现告诉了家人，却引起了一阵哄笑。我天真无邪的举动，除了慈爱的祖母包容地微微笑着，其他的人都抑制不住地大笑起来。就这样，我先提出问题，然后解决了自己的问题。直到后来，我知道我所用的方法有一个好听的名字：演绎法。

还有一件事情，一直鲜活地留存在我的记忆里。那是在看太阳事件发生后不久，一天晚上，我和伙伴们结伴在树林里玩。当时天已经黑了，我注意到树林里有一种特别的声响。那是一阵阵时断时续的叮当声，柔和的声音听上去十分动听。在静悄悄的夜里，是谁奏出了如此美妙的乐曲？是鸟巢里的小鸟？或者是小小的虫子？

这时，同伴对我说：

"哎，那边有一堆又黑又粗的木头，声音就是从那里发出来的。我们一起上前看看去吧！很可能是一只狼呢！这么晚了，一般来说，狼都会发出轻微的声音。不过，我们要待在安全距离之外，不然可能会遇到危险。"

我在那里等了很久，没有任何发现。后来，不知是树林里的什么东西动了一下，发出一阵轻微的响声，那叮当的声响瞬间停止了。当天晚上，我没有任何收获。

不过，我探求真相的决心十分坚决，接下来的两天，我仍然去树林里面守候着。终于，我这种不屈不挠的精神得到了回报！那是一只蚱蜢，我将这个音乐家牢牢地抓在手心里。我曾经听小伙伴们说过，蚱蜢的后腿丰美多肉，是一种非常

名师指津

演绎法从一般原理或前提出发，经过删除和精化的过程推导出结论。演绎法主要由设想可能的原因、用已有的数据排除不正确的假设、精化余下的假设和证明余下的假设四个步骤组成。

名师释疑

不屈不挠：比喻在压力和挫折面前不屈服，表现十分顽强。屈，屈服；挠，弯曲。

美味的食品。苦苦守候几天之后，这就是我得到的回报。不过，令我兴奋的不是它那美味的后腿，而是我又学到了一种新知识，而且是这知识是通过自己努力而得来的。我发现了蚱蜢会唱歌这一秘密。有了看太阳的教训，我将这一发现深深地埋在自己的心里，没有向任何人提起过。

另外一件事情，让我深深记住了一种美丽的紫色花朵和它们结的红果子。在我们家的旁边，地上长满了一种植物，它们正开着紫色的美丽花朵。每次，我向它们看过去的时候，它们美丽的脸上都洋溢着甜美的笑容。没过多长时间，开满紫花的土地上有很多大大的红果子露出了地面。

最开始，我以为它们是樱桃。但是，我跑过去拿起一个，放在嘴里细细品尝之后，才发现它们不但没有樱桃的味道，还没有核。我在心里思量着，它们是什么樱桃？眨眼间，秋天快到了。祖父用强劲有力的双手握住铁锹，翻动着那块土地上的泥土。不一会儿，祖父从土里刨出来很多圆圆的果子。那是马铃薯，我认识它们。在我们的储藏间里储藏了很多的马铃薯。我们经常用煤炉将它们<u>煨熟</u>，吃起来味道好极了。虽然将它们分辨出来之后，我的探索自然地告一段落了。但是，那美丽的紫色花朵和大大的红果子自此永远定居在我的记忆里，鲜活又生动。

在人们的眼中，五六岁的孩子基本上什么都不懂。不过，小时候，我的视线总是不自觉地追寻着动植物的踪迹，用机智的眼睛观察着一切让我好奇的事情：一边提出问题，一边解决问题。那时候，我的观察范围十分广泛，从美丽的花草到可爱的昆虫，都是我的研究对象。我热衷这些活动，很明

◥名师释疑◤

煨（wēi）熟：用文火烧熟或加热；把生的食物放在火灰里慢慢烤熟。

显不是因为遗传。实际上，对昆虫孜孜不倦的研究，来源于我对大自然的热爱和永不满足的好奇心。

和祖父祖母生活一段时间之后，我回到自己的家里，和爸爸妈妈一起生活。那年，我7岁。7岁的孩子必须去学校读书，因此，我开始了自己的学习生涯。不过，一段时间之后，我发现，和以前自由自在沉浸在大自然的日子相比，上学的乐趣实在是少得可怜。

我有一个教父，同时，他也是我的老师。他教我们读书的那间屋子，并不能被称为教室，实际上，它到底能被称为什么，没有人可以给出一个肯定的答案。学校？厨房？卧室？餐厅？鸡窝？猪圈？不，它没有一个单独的名字，它是它们的混合体，发挥着巨大的功能。在那个年代，谁也不会梦想有王宫般富丽堂皇的学校，无论什么破棚子都可以认为是最理想的学校。

因为房间的功能非常强大，所以，房间里几乎什么都有。房间里有一架梯子，梯子很宽，它是连接一楼和二楼的通道。在梯子的附近，有一个凹形的房间，里面放着一张大床。我们没有去过二楼，二楼里有什么，我们一概不知。不过，我们总是看见老师从二楼上搬下来一些东西，有时是驴子吃的干草，有时是喂猪的马铃薯。我觉得，二楼肯定是一个储藏间，里面堆着人和动物们的食粮。

现在，让我们将视线转移到一楼吧，我们姑且将它称为教室。在教室的南墙上，有一扇又小又矮的窗户，那是整个教室唯一的一扇窗户。当我往窗户边一站的时候，我的头碰着窗户的顶端，肩膀处是窗户的底部。不过，就算是又小又矮，它依然是整个屋子里面最美妙的地方。在它的对面，是散落在斜坡上的村庄。站在那儿，向外面望去，能将整个村庄的大部分尽收眼底。窗户的下面摆着一张桌子，那是老师办公的地方。

北墙上有一个小小的壁龛，里面放着一个铜壶，铜壶里装满了可以直接饮用的水。为了照顾到孩子们的需求，壁龛安放的位置并不高。口渴的时候，孩子们伸手就可以取出水壶喝水。壁龛的顶上有一个碗架，放着一些锃光瓦亮的碗。在村庄有盛大的活动时，人们才会用到那些碗，用完之后将它们放回去，到下次举行盛会的时候再取下来。

有光线照射的墙上挂满了画，不过，它们不是珍贵的艺术品，只是一些色彩失衡的拙劣绘画。最远的那堵墙的墙边立着一个大大的壁炉，左右两面由木石筑成，上面放着塞了糠的被褥。壁炉的前面由两块活动的板子充当门。轻轻将门拉上之后，就可以躺在那里尽情休息。两张床是老师和师母的。在那么隐蔽的地方，就算是外面北风呼啸、雪花狂舞，他们的睡眠也不会受到一点点的侵扰。

其余的地方就放着一些零碎的杂物：三角凳随意地放在地上，一只盐罐高高地挂在墙上，一个铁制的铲子，孩子们往往需要两只手一起使劲才能勉强将它拿起来，一只风箱，它和我祖父家里的风箱一样，吹出来的风能让炉子里的木炭和枯枝快速燃烧起来。当然，如果希望能围着火炉取暖，每天去上课的时候，我们每个人都必须带上一块柴禾。

我们带着柴禾上课，却不能独占火炉。实际上，它根本就不是为我们准备的。火炉的上方有一口大大的锅，火炉的主要作用是烹饪小猪们的食物。火炉旁边最舒服的位置是老师和师母的，孩子们只能围在锅边。锅里面煮着马铃薯，在炉火的猛烈攻势下，锅里发出咕噜咕噜的声音，热气也不时从锅边溢出来。有些孩子的胆子大一些，趁老师不注意的时候，迅速地将熟透的马铃薯夹在面包里，美美地吃着。如果非要说我们在学校里收获了什么的话，我承认，我们的确吃得很多。一边读书写字，一边剥栗子或吃面包，似乎已经成为改不了的习惯。

在如此松散的氛围里，作者是无法认真学习的。但他非常享受那段时光。

上学的孩子们年纪有大有小，不同年龄的孩子要学习的功课也不一样。至于我们这些年纪较小的学生，除了享受满口含着食物读书的乐趣外，还有两件快乐的事儿，在我看来不比栗子的味道差。教室的后门正对着一个庭院，后门是连接院子和教室的通道。院子里总是非常热闹，母鸡领着一群小鸡在院子里刨土，小猪们在院子里快乐地翻滚着。

有些孩子十分调皮，有时候他们会偷偷溜到院子里去玩耍，回来的时候却故意不将后门关上。于是，弥漫在教室里的马铃薯香气从后门飘到院子里，将小猪的食欲勾起来。不一会儿，小猪们哼哼唧唧地从后门跑到教室里面来了。我的长凳子是年纪最小的孩子坐的，它恰巧放在壁龛的下面，紧紧挨着墙，那里恰巧是小猪们的必经之地。我的座位是观看小猪们的最佳视线。每次小猪兴高采烈地跑进来的时候，我总是能看见它们迈着细碎的步子，一边欢快地摇着尾巴，一边兴奋地哼唧着。

贪吃又调皮的小猪在孩子们的眼里是可爱又可亲的，作者也对它们抱有十足兴趣。

它们还会跑到我们的面前，在我们的腿边蹭来蹭去，仰着头将冻红的鼻子伸到我们的手心，寻找细碎的面包屑。有时，它们抬起亮晶晶的圆眼睛看着我们，像是在询问我们口袋里还有没有干栗子给它们吃。它们擅自跑到教室里的举动，快把老师气坏了。它们正兴高采烈地满屋子找食物的时候，老师一面挥舞着手中的手帕，一边大声呵斥着，将它们重新赶回院子里。

接着就是母鸡带着它的小鸡雏们来看我们了。看见小鸡雏们那可爱的样子，孩子们纷纷热情拿出了自己珍藏的面包招待这些小客人，随后笑嘻嘻地看着它们啄食。

在这样热闹的学校里，孩子们能学到的东西实在是少之又少。和我年纪相仿的孩子们手里都有一本书，那是一本字母书，用灰纸装订而成的。字母书的封面上画着一只鸽子，但怎么看都不像鸽子。封面上还有一个十字架，是由字母按照顺序排列成的。不知道在老师的眼里这本书扮演着什么角色，可能是觉得挺好的吧，不然他也不会将它作为教材。

平时上课的时候，老师会向我们讲解书上的内容。不过，老师偏向于满足大孩子的需求，因此，几乎他所有的课堂时间都用来回答大孩子们提出的问题。我们这些年纪小一些的孩子则被放在一边，任由我们自己想办法——自己研究或是请教身边的大孩子，如果恰巧碰上的是一个不认识字的大孩子，我们就只能自己研究了。所以我觉得，老师将书发给我们，无非是想让我们看上去更像学生。

我们的上课时间不是连贯的，总是被一些无足轻重的小事打断。一会儿是老师和师母去看锅里的马铃薯了，一会儿是小猪儿的同伴们叫唤着进来，一会儿又是一群小鸡忙不迭地奔进来，我们这样忙里偷闲地看一会儿书，实在是学不到

名师指津

运用拟人化的手法，写出了小猪憨态可掬又贪吃的调皮样子，生动有趣。

名师释疑

忙不迭（dié）：急忙；连忙的意思。

什么东西，得不到什么知识。

大孩子们除了读书，还得学习写字。所以，他们学习的条件相对来说是十分优越的。他们不仅坐在教室最明亮的地方，面前还有一张桌子——那是整个教室唯一的一张桌子。学校里没有墨水，上学的时候我们需要带上一整套的学习工具。在那个年代，墨水是用烟灰和醋混合制成的，装在长方形的纸板匣里。纸板匣分成上下两格，上面是放鹅毛笔的地方，下面是一个盛放墨水的墨水池。

除了教书，老师身上还有一项更光荣的任务——修笔。在学生的要求下，每次修完笔之后，他都会蘸一点儿红墨水，在学生的书页上写上一些字。他写字的时候，手腕剧烈地抖动着。他将小拇指舒展开，稳稳地压在纸上，等学生说出自己的想法之后，迅速动笔。看，他开始写了！他的手在纸上灵活地转动着，笔端随着冒出一个个美妙绝伦的形象来——圆、螺旋、花体字、振翅高飞的鸟儿，等等。只要我们能想到的，他就能给我们画出来。他用笔将这些画卷在我们面前铺开，每一次，我们都惊叹地呆立在原地。

在学校里我们能学到的知识虽然少，但终归还是有一些。法文是必不可少的。老师经常从圣经上挑选出几段，教我们诵读。拉丁文是所有课程中最重要的一门，为的是使我们能够准确地唱赞美诗。

还有一门课程是算术，当时它还不叫数学，当然，和现在的数学相比，它叫算术反而更合适一些。我们在课堂上学了一些简单的算术。

至于历史、地理、语法，它们不是我们要学的课程。在当时，

名师指津

通过阅读这段文字，我们了解到作者的老师不但和蔼，而且非常有才华，深得学生的喜爱和敬佩。

名师指津

这句话有承上启下的作用，承接上面课堂上的种种乐趣，引起下文作者对课堂学习的叙述。

历史和地理这两个名词还没有出现。在物资缺乏的时代，人们并不关心地球是圆形还是方形。因为对人们来说，二者之间没什么差别，粮食的收成依然不好。语法呢，既然老师没打算让自己陷入不能自圆其说的困境，我们也自然乐得不学。

我们一星期上六天的课。每周六晚上总是要循例背完乘法口诀，随后，一个星期的课程才算完结。背诵乘法口诀的时候，先由班里最优秀的孩子站起来背诵一遍；随后，全班起立，集体背诵一遍。如果正碰上屋里有觅食的小猪和小鸡，那可怜的动物们总是被孩子们洪亮的声音吓到，惊慌失措地逃到院子里去。

在全村人的眼中，我们的老师将学校打理得井井有条，是一个非常有能力的人。这话一点儿也不假，老师非常能干。不过，他几乎将所有的时间和精力都用在了教学以外的地方，根本算不上一个称职的老师。

村子里的一个地主出远门了，将财产交给了老师看管；老师还看管着一个大大的鸽子棚；干草、苹果、栗子、燕麦等的收割，全在老师的调配之下……

夏天是农忙的季节，他经常将我们带到田地里，帮他干活。不过对我们来说，将教室挪到田野，坐在干草堆上课倒是一件十分有意思的事情。有些时候，我们还有实践课——清理鸽子棚，将进屋避雨的蜗牛清扫出去，等等。每到这个时候，我上课的热情就会随之高涨。

除了上述的工作，老师还兼任着其他的重要职责。比如说，理发师是他，敲钟人还是他，唱诗班里也有他的位置。

他是理发师，服务的对象多是地方上的声名显赫的人物，

名师指津

对老师先褒后贬，从不同人的视角来对这位老师做出评价，让读者对这位老师有了一个全面的认识。

名师指津

作者的老师身兼多职，这引起了读者对这位老师的好奇。

11

像市长、牧师、公证人，等等。他那双在本子上画出美丽形象的手，理起发来也毫不逊色。

他是敲钟人，婚礼或是洗礼的钟声都是他敲的。每当这时，老师去教堂敲钟，我们照例是要放假的。每当暴风雨来临的时候，我们又会有一天的假期。因为必须用钟声驱除雷电和冰雹，我们的老师责无旁贷地去敲钟了。

他是唱诗班的一员，教堂里优美的圣歌声中有他的一份功劳。

教堂的顶上有一座大钟，那也是他职责的一部分。教堂顶端的阁楼，他每天都要爬上去很多次。只需要看一眼太阳，他就能准确地说出具体的时间。随后，他爬上阁楼，打开一个大大的匣子，钻到齿轮和发条之间，调整时间。当然，这件事情，除了他，没有任何人会做；阁楼里的秘密，自然也只有他一个人知晓。

在这样的学习环境里，正好碰上这样的一个老师，我幼年时便初露头角的天性变成什么样子了呢？

毫无疑问，在这样环境下，我的天性几乎被磨灭殆尽了。不过，这只是表象，在我的骨子里，对昆虫的喜爱从来没有减少分毫。它们只是暂时隐藏起来，只等一个小小的诱因，我所有的热情便会喷涌而出。

在我的字母书上，封面上的那只鸽子被我涂上了很多种鲜艳的色彩。虽然看上去没有丝毫美感，却折射出了我内心的天性。对我来说，整本字母书上最有趣的内容，就是那只鸽子。在我眼里，它圆圆的眼睛看着我，总是露出微微的笑意。它翅膀上的羽毛，我细细地数过。我抚摸着那些羽毛，想象着它们怎样飞上天空、怎样在云朵里嬉戏。我的想象力跟着它的踪迹，在高大的<u>山毛榉树</u>上落脚，欣赏着山毛榉富有光泽的树干和长在树脚下的厚厚的苔藓，在苔藓覆盖着的泥土上，长出了许多的白蘑菇，像是路过的母鸡不小心将蛋下在那里一样。随后，我的想象力跟着它来到了满是积雪的山顶，山顶上布满了鸟类的脚印。虽然它只是一只画在纸上的鸽子，但它不仅是我的朋友，还是我最大的慰藉。因为有它，背字母才没有那么痛苦；因为有它，我才能坐在座位上，静静地等着放学时间的到来。

有时候，我们会去田野里上课。对我来说，这种上课方式有着莫大的吸引力。

老师带着我们去剿灭"伤害"黄杨树的蜗牛时，我总是偷偷地将它们放掉。当我的手里捧满了小小的蜗牛时，我的注意力总是完全被它们吸引住，脚步不自觉地慢下来。它们是一种多么美丽的生物啊！蜗牛的壳上有着很美丽的螺旋纹，它的颜色有很多种，每次，我都能捉住很多不同颜色的蜗牛：黄色、红色、白色、褐色，等等。我将许多长相漂亮的蜗牛挑出来，揣进口袋里，遇到空闲的时候，再将它们一个一个地拿出来，静静地欣赏着。

在帮老师晒干草的日子里，我结识了聪明的青蛙。为了吃到美味的虾肉，它将自己作为诱饵；在赤杨树上，我认识了漂亮的青甲虫，在它的美丽面前，整个天空都<u>黯然失色</u>。我还找到了水仙花，并学会了吸食它的花蜜的方法。不过，由于吸食时用力过猛，我的头有一些轻微的不适。不过这种不舒服与那美丽的白色花朵所带给我的赏心悦目的感觉相比，

◀◆名师释疑◆▶
山毛榉（jǔ）树：一种树，在北半球分布广泛，欧洲、美国均有出产。

黯然失色：指相比之下，事物仿佛失去原有的色泽、光彩。黯然：阴暗的样子；心里不舒服、情绪低落的样子。

名师指津
作者对青蛙用了"结识"一词，说明了他自小对小动物的喜爱，将小动物作为自己的朋友。

名师指津
长时间用力过猛会造成大脑缺氧而感到不适。

实在是微不足道啊！直到现在，我仍记得，在它像漏斗一样的颈部染着一圈红红的颜色，像是佩戴着一串耀眼的红项链一样，漂亮极了！

收胡桃的季节到了，我们的上课地点随之挪到了胡桃林。在那些日子里，我在一块杂草丛生的荒地上发现了蝗虫。它们张开的翅膀像极了扇子，红红蓝蓝地混在一起，晃花了我的眼睛。

不管走到哪里，我总是能认识各种各样的昆虫。在精神上，我享受了一场盛宴。就这样，我热爱自然的天性得到了一定程度的释放，我对自然的热爱程度也越来越深。

后来，勾起我学习兴趣的也是对自然的热爱。那本字母书，除了封面上的鸽子，里面的字母我不认识。那就是我当时的认知水平。

我在学校念了一阵子书之后，我的父亲突然有了一个新想法，然后，他将我接回家，让我在家里学习。实际上，那才是我真正接受教育的起点。我有了新的教材，是花了三角半的钱买回来的。书上印着很多彩色的格子，每一个格子里都住着一个可爱的小动物，旁边印着它们的名字——书上的字又大又清晰。这本书是借由动物的名义，教孩子学习字母的。

排在第一个的动物是驴，它的法文名字是 Ane，就这样，我记住了字母 A；第二个是牛，它的法文名字是 Boeuf，我记住了字母 B；第三个是鸭子，它的法文名字是 Canara，我记住了字母 C；第四个是火鸡，它的法文名字是 Dinod，我记住了字母 D……虽然其中有几页印得不怎么清楚，但我依稀能分辨出来它试图教我认识的字母。慢慢地，24 个字母我都记

名师指津

由于对小动物的热爱使得作者特别热爱学习。这不禁引发了我们的思考：我们也要找到自己感兴趣的事物，激发我们某一方面的潜能。

14

住了。从一字不识到能记住 24 个字母，只花费了我几天的时间。随后，我能轻松阅读学校发给我们的那本字母书了。又过了一段时间，我学会了语法规则。

在短时间内取得的进步，不仅让我的爸爸妈妈吃了一惊，也大大激发了我学习的兴趣。现在回想起来，我知道自己为什么进步神速了。字母书上的动物正好切合了我热爱自然的天性，在它们的引导下，我的兴趣高涨，学习自然不是什么难题。是动物为我开启了知识的大门，现在，我也将自己所有的时间和精力都奉献给了它们。

在那之后不久，命运之神再次眷顾了我。为了激励我继续用功读书，爸爸妈妈送给我一本《拉封丹寓言》。那本书不贵，但里面同样有配图，画的全是动物：乌鸦、喜鹊、青蛙、兔子、驴、猫、狗，等等。在这本书里面，所有的动物都能像人一样说话、走路。虽然图形很小，看上去也没有那么精致，不过，它依然勾起了我的兴趣。刚得到它的时候，我只认识插图里的动物，书上很多字我都不认识。不过，这样也没关系，我兴趣盎然地阅读着——一个音节接着一个音节地读着，渐渐地，我读懂了故事的意思。最后，我和拉封丹成了好朋友。

十岁那年，我进了路德士学院，开始在那里接受教育。在那里，我取得了十分骄人的成绩，在所有的课程中，作文和翻译是我最拿手的两门课，考试时也总能取得很高的分数。路德士学院弥漫着一种古典的气息，在那里，我听到了很多引人入胜的神话故事。我非常喜欢神话故事里的英雄，不过，我不会忘记我心爱的大自然。每个星期天都是我出门拜访自然的日子，看看草地上有没有长出莲香花和水仙花，看看榆

名师指津

利用对大自然的热爱启发对平日里枯燥知识的学习，可谓兴趣是最好的老师，学习自然成为一种享受。

名师指津

作者对于自己喜欢的事情，虽然面临着巨大的困难，可是却不曾气馁，而是坚持克服困难，这种坚持的态度是我们要学习的。

树缝里有没有孵蛋的梅花雀，或是看看在微风中摇摆的白杨树上有没有跳跃着的金虫……

但是，命运之神仿佛弃我而去了，饥饿向我们家发起了总攻。爸爸妈妈没有能力继续让我接受教育，于是，我退学回家了。在被迫远离学校的日子里，就像是生活在炼狱里一样，我找不到生命的意义。但是，除了一遍遍祈求这样的生活早点儿结束，我什么办法也没有。

在那段艰难的岁月里，我对昆虫的热爱是不是消退了？在生活的重压下，我是不是像祖辈一样将自己的喜好放在一边，全心全意应付起生活的打击呢？不，我没有。第一次遇到的金虫一遍遍地在我的脑海里闪现，褐色外套上镶嵌着的白色斑点，那是多么美丽的外衣啊！还有它触须上的羽毛，轻盈又漂亮。是那些埋藏在我心底的美丽回忆拯救了我的心灵，帮我度过了那段苦不堪言的岁月。

不过，坚强勇敢的人永远是上帝的宠儿。后来，我重新获得了进入学校的机会，进入了在伏克罗斯的一所初级师范学校。在那里，食物是免费的，尽管只是一些干栗子和豌豆，我依然十分满足。我们的校长是一位非常开明的人，他了解我的兴趣所在，并给予了我极大的信任。他说，如果我的兴趣爱好不会影响到我的学习，他会尽力给我最大程度的支持——享有自由，可以自行决定做什么不做什么。当时，我的认知程度和同班的同学相比稍稍高一点儿。所以，我有很多空闲时间，可以尽情去做我喜欢的事情。因此，同学们忙着背诵课文时，我总是趴在桌子上，细心研究着我心爱的动植物：有时是夹竹桃的种子；有时是黄蜂的刺；有时是金鱼草种子；有时是地甲虫的翅膀……

在这样的环境里，我的天性拥有了最大程度的发展空间，慢慢地，我对自然科学的兴趣越来越浓厚。不过当时，在人们心中，生物学难登大雅之堂。学校自然也不会重视生物课程的传授，拉丁文、希腊文和数学才是必修课。

所以，我将所有的时间和精力用在高等数学的学习和研究上。我从来不会忽视我遇到的任何一个难题，在没有老师从旁指导的艰难条件下，我完全靠着自己的刻苦努力将遇到的难题悉数攻克了。回忆是一件毫不费力的事情，但在当时，为了攻克一个难题，我经常是彻夜不休地学习。研究数学是一件十分艰苦的事情，我坚持了下来，渐渐地，我的研究开始有了起色。后来，我用同样的方法自学了物理学，用一套我自己制造的简陋仪器来做各种实验。

我违背了自己的志愿，生物学教材被我放在了箱子的最下面。

毕业后，我被分配到埃杰克索书院，担任那里的物理、化学老师。书院在大海边，海洋里生活着无数的美丽生物，对我来说，它的魅力是无穷的。于是，我愉快地接受了分配，去那里教书了。除了海洋里令我神往的生物，被冲上沙滩的美丽贝壳，长在海边的番石榴树、杨梅树，等等，都是我的精神食粮。在我眼里，它们的魅力是数学所无法匹敌的。不过，因为教学的任务，我努力克制着自己。后来，我将自己的课余时间分成一大一小两部分，大部分时间我待在实验室进行数学研究，研究海洋里的瑰宝只占了一小部分的时间。

但是，没有人能确切地知道自己的未来是什么样子。现在，

◈名师释疑◈
悉 数（shù）：
全数，全部。

回顾自己的经历，总结人生的难以预测，语言简单凝练，并富有哲理性。

我回头审视我的一生，实在是感慨万千。年轻时，我几乎将所有的时间和精力投入到了数学研究中，直到现在，它们对我来说仍然是一堆冷冰冰的科学定理，而当年我用尽一切努力逃避的生物学，却成了我老年的唯一慰藉。

在埃杰克索工作的时候，我认识了瑞昆和莫昆·坦顿，他们都是大名鼎鼎的科学家。瑞昆研究植物学，是一位杰出的植物学家；而莫昆·坦顿教了我植物学的第一课。当时，莫昆·坦顿没有找到可以落脚的旅馆，我便邀请他和我一起住。

在动身的前一天，他说："我知道你喜欢观察贝壳，那是一个非常不错的业余爱好。不过，仅仅是爱好还不够，想要真正了解它们，你必须明白它们的身体构造。现在，让我先来演示一遍，学会了这种方法，你会更了解那些美丽的生物。"

他拿出一只盛着水的盘子，将一只蜗牛放在盘子里。随后，他拿起一把锋利无比的剪刀，又拿出两根锐利的针，开始解剖蜗牛。解剖时，他将蜗牛的各个器官一一指了出来，向我详细地解释了一遍。在我的一生中，那节课是最令人难忘的。从那以后，我对动物的观察上升了一个层次，不再仅仅局限于表面的现象了。

我的故事就讲到这里吧，是时候结束了。在我的一生中，我对大自然的热爱，以及我观察自然的才能，在我很小的时候就已经表露出来。为什么我会有这种才能？是培养出来的吗？这个问题困扰着我，但我没有找到答案。

所有的生物，不论人或是动物，都有自己的天赋。音乐天赋，建筑天赋，或是数学天赋……不是每一个人都拥有所有的天赋，但每一个人都拥有一些天赋。昆虫也是一样：有些蜜蜂会剪树叶，有些蜜蜂会盖泥房子；有些蜘蛛会织网，有些蜘蛛不会织网……它们各有各的天赋。但是，天赋是怎么来的？我认为是天生的，这是这个问题的唯一合理的答案。在人类的口中，<u>天赋异禀</u>的人被称为天才。不过，在动物的世界，它们的天赋被称为本能，从某种角度上来说，它们同样是天才。

◄名师释疑◄

天赋异禀(bǐng)：有异于别人的奇特的天赋或特长。异：特别的，特殊的，不寻常的；禀：赋予。

名 师 赏 析

　　本文作者以自传式的叙事口吻讲述了自己发现、追寻、逃避、守护、热爱昆虫这一嗜好的心路历程。回顾过往，感慨道人生难以预测："年轻时，我几乎将所有的时间和精力投入到了数学研究中，直到现在，它们对我来说仍然是一堆冷冰冰的科学定理，而当年我用尽一切努力逃避的生物学，却成了我老年的唯一慰藉。"梦想的种子一旦在心中播种，将会伴随我们一生，牵动着我们的心房。

　　文章语言生动传神，活泼有趣，尤其是讲述童年往事时常用幽默调侃的语气，仿佛把我们带回到那个时代。例如，描写上课时的热闹场景："随后，全班起立，集体背诵一遍。如果正碰上屋里有觅食的小猪和小鸡，那可怜的动物们总是被孩子们洪亮的声音吓到，惊慌失措地逃到院子里去。"脑海中想象着这场景，便会忍俊不禁，更何况身临其境呢，童年的生活真是充满欢笑和乐趣啊！

▶▶学习借鉴

好词

心惊胆战　心醉神迷　光芒万丈　天真无邪

兴高采烈　美妙绝伦　自圆其说　井井有条

声名显赫　毫不逊色

好句

* 虽然我没能生活在一个自由开放的时代，却天生喜欢质疑我看到的一切，也喜欢观察我眼前的一切。

* 看见小鸡雏们那可爱的样子，孩子们纷纷热情拿出了自己珍藏的面包招待这些小客人，随后笑嘻嘻地看着它们啄食。

* 所有的生物，不论人或是动物，都有自己的天赋。

思考与练习

1.举例说明，文章哪些地方体现出作者十分喜爱昆虫？你认同"兴趣是最好的老师"这种说法吗？

2.谈谈你有什么爱好，为了这个爱好，你做出过什么努力？

大自然的乐趣

———— 名师导读 ————

　　小时候，在法布尔心中就播下了一颗关于探索大自然的梦想种子。因为喜爱和向往，小法布尔开始了自己的探索冒险之旅。无论是不同种类的蘑菇，刚出生的鸟宝宝，还是摇曳的树木，流淌的小溪，都令他好奇不已。

　　我迷上蘑菇是很久之前的事，它们五颜六色，漂亮极了。我第一次发现鸟巢，首次采到蘑菇，都让我沉迷。请让我讲讲那些有趣的故事吧。人只要上了岁数，就很喜欢回忆。好奇心将我们拉出了模糊朦胧的状态，慢慢变成一段快乐的时光。

　　正午时分，在阳光的照射下，一窝小山鹑正在打瞌睡。但它们的美梦被一个路人打断了，一只只小绒团惊慌失措地逃进了荆刺丛里。一会儿，一切又恢复了平静，母亲的一声叫唤，它们立刻钻进她的羽毛下面。往事如同雏鸟，生活的荆刺丛中，它们身上的毛被荆刺丛扯得干干净净，但随着一声呼唤，它们又一齐涌进我的脑海里。尽管一些往事逃离了

名师指津

开篇点题，向我们阐明这一节作者将要向我们叙述的是有关蘑菇等植物的趣事。

名师指津

将往事比作雏鸡，形象、生动地引出了下文的回忆。

21

荆刺丛，却遍体鳞伤；还有一些往事消失得无影无踪，因为它们被市集商贩们夺了性命；其余的则是历历在目。但这些逃离时间监控的往事，最有活力的都是那些很早以前的事。

一天，我突然想到周围的小山顶上看看，在我看来，那就是天涯海角。山顶上是一排树，风刮着它们不停地点头弯腰，它们似乎想夺路而逃，却无路可走。我在家里透过窗帘，无数次看到它们对着暴风雨谄媚地打着招呼，也有无数次它们被北风夹杂着积雪吹成团团白雾，苦苦地挣扎。

我看到它们在如此恶劣的环境下生存，对此充满了兴趣。今天晴空万里，它们舒服地伸着懒腰；可明天也许就是乌云遍布，它们会飘摇不定。它们舒展枝丫的时候，我觉得很开心；它们畏畏缩缩的时候，我却感到难过。它们是我的朋友，无论什么时候，总能在我面前出现。早上太阳从它们身后冉冉升起，光芒四射。我很好奇，太阳是从哪里升起来的，去山上看看，也许能知道原因。

我顺着山路一直往上走，一路上都是荒凉的野草，被羊啃得所剩无几，扁平的石头片分散在坡面上，一直往前走，风景一成不变。但往上的草地跟房顶似的，有一个坡度，能感觉到坡面很长，长时间行走之后，还是觉得自己离山顶很远。

这时候，一只漂亮的小鸟从藏身的石片下面飞走了，石片下面是一个用绒絮和细软的草秸做成的鸟窝，这是我第一次看到鸟窝，也是鸟类为我带来快乐的开始。

鸟窝里面有六个紧挨着的蛋，鸟蛋的颜色是湛蓝色的，看上去可爱极了。我觉得非常幸运，趴在地上盯着鸟窝。与此同时，鸟妈妈咕咕地叫着，焦躁不安地在我周围飞来飞去。

名师指津

运用拟人的修辞手法，将大风下的树被吹弯了腰的状态形象生动地展现在了读者面前。

名师指津

作者对自然界中的事物永远存在着一颗好奇和勇于探索的心，这也是他有所成就的前提。

因为我这个冒失鬼打扰了它们的安宁。

那个时候，我还不懂同情，一个恶作剧就这么闯进我的脑海里。我要在这小雏鸟会飞的时候带走它们，先等它们出生，十五天后我再回来。为了证明我找到一窝鸟蛋，所以这次我决定要带走一只蛋，我小心翼翼地把蛋放在掌心里，用一把苔藓将它细细包裹住。

我异常小心地捧着这个小家伙，真担心它会被我弄破。于是我决定现在回家，改天再爬，到时候再看看那些能看到太阳升起来的树。

我沿着山路向下走，走到山脚的时候，碰到了副本堂神甫先生。他正在吟诵经书，顺便散步。他看到我，以为我捧着什么宝贝，以至于小心翼翼地走路。我把手藏到后面，但还是被他发现了。

"你手里是什么，我的孩子？"教士问。

我被问得不知所措，乖乖地把那只手伸出去，让他看一下我的蓝色小鸟蛋。

"萨克西高勒蛋。"教士说，"你是从什么地方拿的？"

"山上，岩石下面。"

教士步步紧逼，我的坏事全抖落出来了："我只是想去山上看看，无意间发现的鸟窝。鸟窝里面有六个鸟蛋，我只拿了一个。看，就是它。我想等其他的鸟儿出来后，我再去把它们全拿回来。"

教士说："我的孩子，你不能这么做。你不可以把小鸟从它母亲那里夺走，你应该爱护没有犯罪的家庭，你应该把它们交给仁慈的上帝，上帝会帮助它们成长，让它们飞翔。

名师指津

小孩子总是爱向别人展示自己的成就，以获得赞美，作者的这种行为表明了他的纯真和可爱。

名师指津

这句动作描写，体现了作者对这只蛋的小心，反映了他对这只蛋的珍视。

它们是田野的希望，可以帮我们消灭农田里的害虫。如果你想要做个好孩子，就不要去打扰那些鸟儿。"

我向教士保证，会好好听话的，所以，教士接着散步去了。在我回到家后，我的心里已经有了两颗种子：一颗是教士神圣的训话，让我知道我做了坏事，侵犯鸟窝是一种不好的行为；另一颗是好奇的种子，因为我不明白为什么鸟类能帮助我们消灭害虫呢。不过，我知道戏弄雏鸟是不对的行为。

那时候我发现的鸟儿，就是在我目不转睛的盯着一窝鸟蛋时，一只鸟儿从一块石头上飞到另一块石头上，围绕着我转，并且在石头下面建造了家，也就是鸟窝。我从书里偶然间知道了这类和石块山丘做朋友的鸟儿另外的名字，就是"土坷垃鸟"。它们总是从耕种过的地里，踩着一块块土坷垃飞跑，为了揪出那些露在一行行田埂外面的虫子。后来，我又知道普罗旺斯人给它们起了另外的名字——"白屁股鸟"。这是个很形象的名字，让人一听就能想到，一只鸟儿在田地里忽然翻身，尾巴上的一簇白毛向两边伸展开，和白色的蝴蝶一样。

我的村庄对面的西边是一块地势倾斜长满了李树和苹果树的小果园，树上的果实就要成熟了。小果园连成一片，如同瀑布一般，一块挨着一块，每块土地都由一道道围墙圈着，墙上都是地衣和青苔。

这坡的下面是一条小溪，溪面很窄，无论从什么地方都可以迈过去。而在溪水宽阔的浅滩处，人们则可以踩着露在外面的石头走过小溪。母亲担心孩子落入深水中的张皇失措在这个小溪里完全没有，因为小溪最深处也只能没过膝盖。

我见过浩荡的江河，也看见过无边的大海，可是只有可

名师指津

以法布尔的性格，他会去探寻"为什么鸟类能帮助我们消灭害虫"吗？让我们拭目以待吧。

名师释疑

土坷垃：俗语，指的是小土块。

地衣：低等生物的一类，是藻类与真菌的共生联合体，种类很多，生长在地面、树皮或岩石上。

张皇失措：形容慌慌张张，不知怎么办才好。张皇；慌张；失措；举止失去常态。

爱的小溪是那么真切、那么清澈、那么踏实。在我的心里，谁也无法跟你媲美，尽管你不算宏伟，你的伟大之处在于你早早就将神秘的篇章烙印在人的心里。

有一个磨坊主想要利用小溪建个蓄水池，让蓄水池成为促进磨坊运转的动力源泉。他在山丘的半山腰处挖出了一条水沟，把溪水引进一个蓄水池里，这样蓄水池就成了促进磨坊运转动力的源泉。水池下面有一道挡水墙，而在水池边上是一条小路。

有一天，我坐在一个小伙伴的肩膀上，透过长满苔藓的脏墙，往里看。墙里面是一个无底洞般的死水，上面漂满了绿毛。这片绿毛像一块黏糊糊的地毯，有一处缺口，缺口处是正在慵懒地蠕动的又短又粗的蜥蜴。现在，我会叫它蝾螈，但小时候，我一直认为它是眼镜蛇和龙的儿子，就是睡前大人们给我们讲的吓人故事里面的怪物。天啊，我可不想再看了，赶紧下去吧。

从这儿再往下，小溪又出现了。溪水分成了几个支流。每个岔口都有桤木和桦木长在那里。它们枝叶繁茂，彼此交叉，形成一个个遮阳伞。在遮阳伞下面是一根根歪歪扭扭的粗壮树根建造起来的门厅，在门前是跳动的阳光，阳光照到的地方是一个个圆圆的亮点，因为阳光穿过了枝叶编制的篮子。而从门廊处看水里，红脖鳟鱼待在那里，我们悄悄走过去，蹲在地上看这些鱼，它们真的很漂亮，脖子是红彤彤的。小鱼儿一条挨着一条，挤在一块儿，头冲着水流来的方向。它们的鳃一张一合，张着大嘴吞着漱口水。它们只是慢慢地扭动着尾巴和背鳍，就可以在水里不动，可树上的一片落叶就把它们吓得四处逃窜。

在溪水的远处，是一排山毛榉。树干特别光滑、笔直，简直和塔林一样。在壮观的树头的枝叶中间，是几只乌鸦边呱呱地讨论，边从翅膀上把老羽毛扯下来。地上是一片青色的苔藓。刚踏入这片柔软的地毯上，就看见一个蘑菇，它还没有长大，看起来像极了母鸡丢下的蛋。

这就是我第一次遇见蘑菇的场景。我把蘑菇拿在手里，仔仔细细地观察了一番。我想要知道它是什么结构的。很快，我又看到了很多蘑菇，各色各样，有大有小。蘑菇形态各异，有的是钟形、蜡烛罩形或者是平底杯形，有一些被拉成了梭子形，挖成了漏斗形，造成了半圆形。

在这许多蘑菇中，有几个是特别的。有一种蘑菇是一掰开就会流出奶汁类的汁液；一种是将它揉碎一会儿后就会变成蓝色；有一种是长得很高，可是却不健康，早已腐烂，在腐烂处爬着一些蛆虫；还有一种形状似梨的蘑菇，没有水分，顶上开着一个圆圆的小孔。在我用手弹击它们突出的腹部时，它们就会和小烟囱一样，从圆孔里放出一阵烟雾，这让我感到新奇。我采集了很多，放在口袋里，有时间我就拿出来玩一会儿，让它们散一下烟雾，一直把烟雾散尽后，只剩下火绒似的一个绒团。

这片小树林里给我带来了无数的快乐！在我第一次看到蘑菇后，我经常来这个小树林。在和乌鸦们作伴的时候，我在那片树林里完成了蘑菇的学业。在不经意间，我已经采了很多蘑菇。但是，我的这些收获并没有得到家人的欢喜。我们那里称蘑菇为"布道雷耳"，这样的名字，在家里人的眼里是很坏的，大家都说，它会使人中毒。我真被搞糊涂了，看着这么漂亮的布道雷耳，为什么会这么毒辣呢？后来，还是我的父母给我讲了他们亲身经历的事，我才明白。但是，这并没有阻止我和这些毒东西的关系。

我经常到山毛榉林里，后来我把我见到的蘑菇分了3类。第一类是品种最多的，它们的下面都长着放射性的叶瓣；第二类是向下的那一面有一层厚厚的垫子，垫子上面有很多细小的筛空；第三类的表面上有很多尖头儿，好像猫舌头上的细小凸起。我这样分类，并不是随意分的，而是这种分类可以帮助我回忆，从而有规律认识蘑菇。自然，这个结果是我发明的一种分门别类的方法。

这是法布尔小时候自己"发明"的分类方法。

很久之后，我看到几本书，那个时候我才知道，我那样分类，早有人这样做过了。那人甚至用了拉丁语来命名。我对拉丁文一窍不通，但我并没有感到沮丧。第一次用法文、拉丁文相互翻译学习为蘑菇起名字，让蘑菇的地位终于提高了。这种本堂神甫先生在吟诵经文的时候用古代人讲话的方式，一下子让蘑菇变得耀眼许多，就因为这个，蘑菇在我心里变得神圣，为了让这高贵的称呼表现出有价值，应该使它们更有真实的意义才行。

夜色笼罩下来的时候，樵夫们把最后的几捆柴禾捆好。和樵夫一样，我这个游荡在学问的树林里的砍柴者，也会在生命的暮色笼罩时候，想要把自己的柴禾收拾一下。我对各种昆虫的性能研究还剩下多少？大概想了一下，也就是几扇窗户，窗前的那片世界我还没有给予足够的注意力，还需要的探究。

这里说的是把自己的学识和知识整理一下。

在我小时候，各种类型的蘑菇就让我体验了植物学的快乐。我过去常常去树林里拜访它们，现在我也是这样的，每到秋天的时候，只要天气足够好，我一定会去看望它们，只是想同它们做最后的沟通，什么也不做。我对于那令人着迷的景象，总也看不够，一大块深紫色的欧石南地毯上，到处是牛肝菌胖大的头，伞菌的可爱柱子，还有珊瑚菌丛丛簇簇的影子。

我生命的终点站是塞里尼昂，那里的蘑菇毫无保留地对我展现了它们的风姿。

不远处长着一片片圣栎树、野草莓树和迷迭香的山上，令人意外的是这里还有各种各样的蘑菇。最近几年，因为经济上的支持，使我有了一个疯狂的计划，我觉得我应该想办法把一开始没有按照我的意愿做成的标本重新整理到一块。如此，我开始工作了。只要我看到的蘑菇，无论它是大还是小，我都会按照它们原来的尺寸把它们画下来。虽然我不懂水彩画艺术，但是我觉得没关系，我可以慢慢学。一开始我画得很不好，后来好点了，最后当然成功了。我觉得画画对我每天逐字逐句写散文的日子是一个调剂。

现在，我已经是一个有几百幅蘑菇画的人了。房子周围的蘑菇，都是按照它们原来的尺寸和颜色画在纸上的。这些画册是很有价值的，即使没有艺术上的成就，但至少它是准确、真实的。画册的事被大家知道后，一到周末，就会有人过来观看。

来看的人都是一些乡村的普通人，他们认真地看着每一张，并为我能够在没有模型和圆规的条件下，画出这么令人

名师指津

通过作者对蘑菇的细致描写，"可爱"，"漂亮"等词语的运用，足见他对蘑菇的喜爱。

名师指津

当我们为了自己喜欢的事情而努力学习时，就不会觉得学习枯燥乏味了，而且也不会觉得辛苦，相反我们会从中得到欣慰和成就感。作者为了做好自己热爱的事情而努力学习的精神值得我们崇拜和学习。

震惊的画感到震惊。他们看着画，马上就能分辨出是哪种蘑菇，并告诉我它们的一些俗名。这足够证明，我的画笔是真实的。

这么多的水彩画都是付出了无数的汗水才得到的，它们以后将会变成什么呢？可以来想象一下。一开始的时候，家人会小心地珍藏着我的遗物，可是随着时间的流逝，它们会变成负担，会从这个储藏柜里转移到那个储藏柜里，老鼠也会不时地光顾一下，画面会变得脏乱不堪，最后它们会在我的一个遥远的小孙子手里折成飞机、纸鹤。

这也让我明白，我们曾经的愿望和珍爱的东西，会随着时间毁灭在现实生活的利爪下。

名师指津

虽然我们的愿望和珍爱的东西会随着时间渐渐被毁灭，但是我们还是要追求愿望，在这个过程中我们会实现自己的价值。

名师赏析

本文主要讲述了作者小时候偶遇大自然的神奇，并且深切的爱上大自然，体会大自然中的乐趣的事情。从这这篇文章中我们也可以看出作者小时候是个活泼、好动、坚强的小孩，他会自己去大自然中探索其中的奥秘，体会山水的清秀，感知生命的传奇。本章以作者的游历为线索，依次带领我们寻访了五颜六色的蘑菇、刚出生的鸟宝宝、摇曳的树木和流淌的小溪。

本文语言活泼，刻画的生物十分可爱，运用了大量的比喻和拟人的修辞手法。例如，对蘑菇的描写就非常地生动传神，让读者跟随作者来到了一个奇幻的蘑菇王国，有一种身临其境的美感。

学习借鉴

好词

五颜六色　惊慌失措　干干净净　遍体鳞伤

无影无踪　历历在目　夺路而逃　冉冉升起

所剩无几　焦躁不安

好句

＊小果园连成一片，如同瀑布一般，一块挨着一块，每块土地都由一道道围墙圈着，墙上都是地衣和青苔。

＊我见过浩荡的江河，也看见过无边的大海，可是只有可爱的小溪是那么真切、那么清澈、那么踏实

＊这也让我明白，我们曾经的愿望和珍爱的东西，会随着时间毁灭在现实生活的利爪下。

思考与练习

1.文章中，那些例子说明了作者对大自然的热爱？

2.你有没有和作者相似的经历？把经历写成文章与大家分享。

神秘的池塘

名师导读

一片其貌不扬、小小的、平静的池塘在阳光的孕育下，犹如一个辽阔神秘而又多姿多彩的世界。绿色的波纹、青青的芦苇、嬉戏的小蝌蚪、可爱的小黄鸭……这是一幅多么祥和的画面，难怪法布尔一遍遍地欣赏还总嫌不够呢！他独具匠心和细致入微的观察，也带给了我们童年的回忆。其实，我们的心中也有一个"池塘"，不是吗？让我们一起快乐地去看看池塘吧。

每次遇到池塘的时候，我都会在它的身边静静地坐下，贪婪地欣赏着它的美好。对我来说，它是一个太过美妙的世界，欣赏多少遍都觉得不够。荡漾着绿色波纹的池塘，它的居民有多少呢？

坐在岸边，我总是能看见大批的小蝌蚪摇摆着灵活的大尾巴，快乐地游来游去；住在池塘里的蝾螈，将自己的红肚皮藏在水里，拖着它宽宽的尾巴，在水面上缓慢地游着……池塘里的芦苇丛是石蚕最爱的产卵之地，在那里，我总是能

名师指津

在作者的心目中，池塘是一个美妙的世界。一语道破了他对大自然深厚的情感和独具匠心的见解，同时也引发了对下文神秘世界的探索。

找到很多石蚕的幼虫。石蚕将枯枝做成鞘状，那些小不点们将自己藏在那里，远远地避开天敌的袭击和其他一些难以预料的灾难。

池塘的深处，是水甲虫最爱的活动场所。它们经常在那里欢快地跳跃着，在晴朗的日子里，它们的羽翼折射着太阳的光芒，美丽极了，就算是将军们佩戴在胸前的军功章也无法与之媲美。在水甲虫的前翅上，它的尖端上附着一个小气泡；可不要小看了那个气泡，那是水甲虫呼吸的利器，如果失去它，水甲虫必死无疑。

名师指津

作者运用欲扬先抑的手法，形象地点出豉虫的美丽以及特别的生活习性。

名师释疑

池鳐：多种扁体软骨鱼的统称。

名师指津

由此可见，作者以轻松的笔触呈现出一个美妙的水下生物世界，也体现出他独特的观察和思维方式，这一点更是美妙啊！

池塘的水面上，总是会有一些美丽的珍珠翩翩起舞。不过，它们不是珍珠，而是豉虫。在水面上舞蹈的是豉虫，那是它们最喜欢的消遣。

在离岸边不远的地方，游来了一群威武的池鳐。它们游泳的姿态，看上去像是一边游泳，一边练习着出击。它们简洁有力的动作像极了裁缝手里的针，又快又准。

有时候，居住在池塘里的水蝎也会跑到水面上戏耍一番。看，它们将两肢交叉着，仰躺在水面上，悠闲地游着。它们那傲人的姿态，仿佛觉得自己的游泳技术是全世界最高超的了。蜻蜓的幼虫也会凑凑热闹。它们拖着泥乎乎的身体，身体后面带着一个漏斗，漏斗是它们的助推器。每一次，它们快速将漏斗里面的水挤出去时，会产生一股力，随后，它们借着水的反作用力，顺势高速地向前游去。

池塘的底部，是贝类的天下。它们静静地躺在池塘的底部，隔着厚厚的水墙，享受着阳光的洗礼。有时候，小田螺们不甘寂寞，慢慢地移动着，从池塘的底部爬到岸边。随后，它们慢慢地从壳里钻出来，张开眼睛，打量着这美丽的水底世界。有些田螺甚至会爬上岸，呼吸一些新鲜的空气之后，迈着缓慢的步伐，再爬回池塘里。

水蛭也是池塘的常住居民，它们不停地寻找着可以为它们提供血液的动物，然后附着在那些动物的身上，扬扬自得地扭动着它们的身躯。蚊子的幼虫——孑孓，池塘是它们的乐园，成千上万的孑孓随着水的节奏摆来摆去。再过一段时间，孑孓们会长成蚊子，从池塘里飞出来，成为人们的一大烦忧。

随意将视线移向池塘一角，水面上风平浪静，像极了一个时间已经静止了的世界。但是，它孕育着丰厚的生命。它的直径只有几尺，但是，在阳光普照的世界里，它绝对是一个藏着无数珍宝的秘密花园。在一个孩子的眼中，池塘散发着无穷的魅力。第一次看见池塘的时候，我的视线紧紧地被它拉扯着，无法移开。现在，听我讲一讲我的池塘吧！

小时候，家里一贫如洗，我们妈妈继承了一所小房子和一小块荒芜的土地，我们一家人就在那里生活。除此之外，我们几乎没有别的家产了。当时，我的爸爸妈妈整日为生计所愁，说的最多的话就是"我们怎么活下去呢？"

你们有没有看过"大拇指"的故事？故事中，有一次，大拇指躲在他父亲的凳子下面，听见了他父母间的谈话——感慨捉襟见肘的生活。我就是现实中的大拇指，只是我不像他一样小，不能藏在凳子下面，但我有自己的办法，同样可以偷听爸爸妈妈的谈话。我喜欢趴在桌子上，假装睡着了，随后，爸爸妈妈之间的谈话就全部落入了我的耳中。不过，我比大拇指幸运多了，他听见了令人心寒的话，我听见的却是一个令人欢欣鼓舞的消息。

"我们试着养一群鸭子吧！它们长大后，会为我们带来丰厚的收益的。我们可以买一些鸭子，再买一些油脂作为它们的食料。照看鸭子的任务呢，让法布尔去做，他肯定能把鸭子照顾得非常好。"母亲温柔地说。

"这真是一个不错的主意！"父亲也受到了鼓舞，"我们养鸭子吧！"

当天晚上，我梦见了自己和一群可爱的鸭子一起嬉戏。它们披着嫩黄色的衣服，毛茸茸的，可爱极了。在梦里，我将它们带到了池塘边，它们在池塘里戏水、洗澡，我站在岸上高兴地看着。它们在水里玩了很久，我一直静静地微笑着，守在它们的旁边。等它们戏耍够了，我将它们引上岸，带着它们回家。在回家的路上，有一只小鸭子总是落在后面，看上去很疲惫。于是，我放下篮子，把它捧到篮子里，让它好好休息。随后，我提起篮子，带着其他的小鸭子回家了。

两个月过去了，我的家里添了24个新成员——可爱的小鸭子，将我的美梦变成了现实。一般情况下，小鸭子是由母鸡孵化出来的。因为鸭子本身不会孵蛋，而迷糊的母鸡分辨不出蛋的种类，于是，小鸭子就这样出世了。我们家的小鸭子就是由母鸡孵化出来的，一只是自己家的黑色母鸡，一只是从别人家借来的。

小鸭子出世后，洋溢着母性光辉的母鸡依然将它们当作自己的孩子，细心照料着它们。当时，我们家的母鸡天天陪在小鸭子身边，和它们一起玩耍嬉戏，给它们营造了一个充满爱意的成长氛围。小鸭子稍微大一些的时候，能在水里玩

名师指津

从简洁而朴实的话语中，我们看到一个心地善良的小少年。作者对动物的热爱，无处不在。

要了，我们家的小木桶便派上用场了。我往桶倒水，约莫有两寸高的时候，就不再注入了。木桶成了小鸭子们戏水的天堂。晴天，小鸭子们一边在桶里戏水洗澡，一边沐浴着温暖的阳光，看上去舒服极了。每当这时，静静守候在旁边的母鸡充满慈爱地看着它们，脸上不自觉地露出宠爱的神情。

两个星期过去了，小鸭子们一点点儿长大了，曾经的戏水天堂此时已经有些不适用了。它们需要更大的空间，更多的水，拥有一个更舒适的戏水天堂。不过，它们的用水需求远远超出了我们的承受范围。我们家住在半山腰上，水源在山下，每次提水回家都需要耗费非常大的体力和时间。夏天时，因为炎热，我们的日常用水量被压缩了，小鸭子的用水需求，我们几乎是无能为力。

在我们家附近有一口井，不过，它已经快枯竭了。它是一口公用的井，除了我们家和周围的四五家邻居，校长家的驴子也享用井里的水。驴子好像也知道井水的稀缺，每次喝水的时候，它总是拼命地大口喝着，将井水喝得一滴不剩才肯罢休。然后，要经过一个昼夜的休整，那口老井的水位才能慢慢升到原来的位置。在水资源极度紧缺的日子里，根本没有多余的水可以供小鸭子嬉戏。

更何况，饲料已经满足不了它们的营养需求了，它们迫切地需要小鱼小虾的滋养。鱼虾们生长在水草丰美的地方，它们必须自己去寻找。

山下有一条小溪，它能满足小鸭子的全部需求。想去那条小溪，必须经过村里的一条小路，而在那条路上，经常会冲出一些凶神恶煞般的猫狗，将小鸭子的队伍搅合得七零八

名师指津

作者运用拟人的修辞手法，将母鸡和小鸭子都赋予人类的情感，表达了母鸡和小鸭子间的亲密关系。

名师指津

从这段话我们得知小鸭子就要开始它们的寻找鱼虾之旅了，这个过程中又会有什么趣事发生呢？让读者们充满期待。

落。受到惊吓的小鸭子会四散奔逃，我几乎没有办法再将它们整合成一支队伍。于是，我不得不放弃了小溪。哪里还有合适的地方供小鸭子嬉戏呢？我想起来了一个地方，就在离山很近的地方，有一片广阔的草地，草地上有一个大大的池塘。那里没有人居住，肯定不会有猫儿狗儿的踪迹，小鸭子在那里玩耍是再合适不过的了。

我愉快地领着小鸭子们出发了，那是我第一次做牧童，心里别提有多高兴了。然而，有一件事情一直困扰着我：脚疼。我只有一双鞋子，在节日的时候才能穿，平时都要光着脚跑来跑去。放牧小鸭子的确是一件让人开心的事情，不过，在荒草地上走了太长时间，我的脚就吃不消了。刚开始的时候，脚只是起了一些泡，渐渐地，它们被划出了一道道的裂口，疼极了。

看上去，吃不消的不仅仅是我的脚，小鸭子们好像也在承受着煎熬。它们的年纪小，脚蹼不够硬实，在碎石上行走十分费力。在向池塘进发的路上，它们时不时地轻轻呻吟几声，似乎是在埋怨路途艰辛，想歇歇脚再走。我知道它们的想法，便时不时地找个阴凉的地方，让它们停下，暂时歇一歇。等它们休整好了，攒够了继续前进的能量，我才带着它们继续前进。

经过一段漫长的路途，我们终于抵达了目的地。池塘的水不深，在太阳的照射下，池水暖暖的，温度刚刚好。因为水不够深，池塘中的一些高地露出了水面，像极了袖珍型的岛屿群。

抵达目的地时，小鸭子们瞬间变得精神奕奕，箭一样窜到草丛中寻找食物去了。一阵忙碌过后，小鸭子将自己喂饱了。随后，它们跳到池塘里，快活地嬉戏玩耍。它们时而将头埋到水里，将屁股直直地翘上天；时而在水面上尽情地游泳；

和小动物相处是一件非常快乐的事情，可是，童年生活的艰辛也给他留下了特别的回忆。触碰读者的心灵，更流露出作者的内心朴实的情感。

作者用优美的文字记述小黄鸭在池塘上的趣事，形象生动，美感十足。也写出了他心目中"池塘"的神秘之处。

时而在水面上静止……它们在水里尽情戏耍的动作，就是一支美妙的水上芭蕾舞。<u>憨态可掬</u>的小鸭子跳起优美的水上芭蕾，那姿势别提有多赏心悦目了！我在池塘边静静欣赏着，快活的小鸭子和水里的动物们，都是我眼中最美的景物。

我看见了几段又黑又粗的绳子，它们躺在池边的浅水区，看上去像是被泡了很久，松松散散的。人们看到它们，第一反应或许会以为它们是袜子上的丝线，不小心被谁掉落到池塘里了。当时，我在心里构思了一幅画面，找了一个自以为合理的答案：在不久以前，一个牧羊女坐在岸边织袜子。过了一会儿，她发现袜子织得不好，在心里骂了自己几声之后，便动手将袜子拆了。不过，她不是一个有耐心的姑娘，拆着拆着，她就不想干了。随后，她生气地将它扔进了水里，独自走开了。

我走到绳子的旁边，想捡起一段，细细研究一番。不过，绳子粘粘的，非常滑，我没能将它拿起来。随后，我使出了浑身力气，想将它握在手里。但是，不管我怎么努力，就是捡不起来。突然，绳子突然散开了，变成了一堆细小的黑珠子。我定睛一看，那像针尖一样小的黑珠子，身后拖着一条扁扁的尾巴，正慌乱地在水中逃窜呢。原来，它们是一群结伴戏耍的蝌蚪。我认识它们，它们是青蛙的宝宝，不久，它们也会变成青蛙。

我看见了一些动物，它们居住在池塘里，正在池塘里戏耍呢！

一种在水面上转悠的小动物，它们黑色的脊背折射着太阳的光芒，闪闪发亮。它们像是能提前预知危险一样，每当我伸手想捉一只仔细观察的时候，它们总是在瞬间远远逃开了。我捉不住它们，便打消了自己的想法，只远远地观察它们。

池塘的深处长着浓密的水草，绿幽幽的，诱人极了。我走到水草旁，轻轻将它们拨开，水面上立即升起了一阵气泡。我心想，这里肯定住着一种稀奇的动物。于是，我兴致勃勃地开启了探险之旅。不一会儿，在水草里，我看见了一些小动物：又扁又平的贝壳、披着美丽外衣不停舞动着鳍片的不知名生物……

池塘里有很多我叫不上名字的动物，我一点儿也不了解它们。当时，除了坐在池塘边，静静地欣赏它们，在心里构思着可能会和它们有关的故事，我找不到了解它们的渠道。

池塘和周围的农田相通，它们之间有一些细小的通道，池水经由那里注入农田。农田旁有几棵赤杨，我跑到它们身边，细细地观察它们。在那里，我发现了一只甲虫，它的体型有核桃那么大。它的身上有蓝色的花纹，美丽极了。那蓝色是如此地赏心悦目，让我联想起了那天堂里美丽的天使，她的衣服一定也是这种美丽的蓝色。于是，我带着肃穆的神情，轻轻地捉住它，从身上掏出一个空蜗牛壳，将它放进去。随后，我找了一片草叶，将壳的出口堵住。我要把它带回家中，细细欣赏一番。

不一会儿，我的心被另外的事情占据了。那里有一眼泉水，汩汩的泉水顺着岩壁流淌下来。清凉的泉水慢慢地流到一个小小的水潭里，汇成一股溪流，从水潭里奔涌而出。看着溪水欢快地向前奔去，我的心里突然萌生了一个想法。为什么不把它变成一个瀑布，让它推磨呢？随后，我立刻将自己的想法付诸行动。我找来一个稻草、两个小石头，动手制造磨。我用稻草做成一个轴，将石头一左一右地放在它的旁边，将它支起来，成功地做成了一个磨。不过，当时我的身边没有小伙伴，没有人为我欢呼，也没有人可以陪我一起玩。

摆在我面前的成功是一道催化剂，之后新的想法不停地涌入我的脑海。那边的草地上有很多大小正合适的石头，刚好可以被用来建造水坝。于是，我认真地挑着石头，计划建成一个<u>气势恢宏</u>的水坝。不过，在挑石头的过程中，出现了一个变故，建水坝的事情立即被我抛在脑后了。

当时，我选中了一块石头，搬动的过程中，在石头的另一面，一个拳头大小的小洞露了出来。小洞里射出一道道银光，炫目极了，就算是在阳光下闪闪发光的钻石，散发出来的光芒也不过如此。我盯着洞口，突然想起了教堂中的彩灯，那上面缀着的水晶珠子在灯光的照射下，发出的光芒让人无法直视，就像这一道道银光一样。世间会有什么东西能发出这么耀眼的光芒呢？

当时，之前在打谷场上玩耍时听到的神龙护宝的故事再一次浮上我的心头。故事中说，埋藏在地下的宝藏，在神龙严密的监护下，完好无损地沉睡在地下某处。我眼前的这个小洞里面是不是装满了金银珠宝？难道这些碎石堆里面蕴藏着数不胜数的奇珍异宝？石头堆里中有一些发光的石头，我将它们悉数拾起来，当作是神龙送给我的见面礼。看着它们，我似乎听见了神龙的轻声细语，像是在告诉我宝藏在什么地方。

在清澈见底的溪流中，我发现了许多附着在沙石上的金色的沙粒，在水流的冲击下，它们跳着美丽的舞蹈。它们全部是金子吗？可以用它们制造出金光闪闪的法郎吗？这些金子是多么大的一笔财富啊！有了这些金子，贫穷的家庭便不会再贫穷。

我弯下腰，从溪流中掬起一捧沙石。沙石上包裹着一层细小的金色沙粒，因为太小，我无法将它们挑出来。后来，

◆名师释疑◆

气势恢宏：指气势磅礴，场面大气。

连用两个问句，形象地呈现出作者当时的心理状态，也表明了他渴望改变家庭拮据生活的愿望。

我想得到了一个办法。我找到一根稻草，将唾沫涂在它的顶端，用它去粘那些金色的沙粒。果然，金色的沙粒被粘起来了。不过，这种方法既费时又费力，得到的报酬却几乎微乎其微。于是，我将手中的沙石扔回溪流里，结束了分离金粒的工作。我对自己说，大金块肯定就藏在山中，这些金粒不要也罢，还是等以后炸开山捡拾大金块吧！

为了看看小洞里有什么，我将石头砸开了。出乎意料的是，里面没有我想象中的金银珠宝，只有一条虫子从石头里爬出来。我从来没有见过这样的虫子，螺旋形的身体，身体上有序地排列着一行行的伤痕。它背着的那些伤痕，就像是蜗牛身后长长的足迹，将它经历的风霜清晰地展现在人们面前。石头这么坚硬，它是怎么钻进去的？它钻到石头里去做什么？

一方面是为了纪念，另一方面是因为自己的好奇心，我挑选了一部分碎石，将它们装在衣兜里。天快黑了，我将吃饱喝足的小鸭子聚集在一起，轻轻地对它们说：

"小鸭子，天快黑了，我们得回家了。跟在我的后面，不许乱跑哦。"

然后，我带着小鸭子动身回家了。披着蓝衣服的甲虫、长得像蜗牛一样的甲虫以及我发现的宝藏，它们将我的心牢牢地占住了。一路上，我的脑海里全是奇思妙想，脚的不适早已被忘到九霄云外去了。

不过，一回到家，看见爸爸妈妈的表情，我从美梦中清醒过来。他们看见了我那膨胀的衣袋里面尽是一些没有用处的砖石，而我的衣服也快被砖石撑破了。爸爸生气极了，冲我吼道：

"我们让你去放鸭子，你倒好，自己玩去了！捡回来那么

名师指津

充满童趣的话语，使文章读起来，更富别样滋味。

多石头做什么？我们家周围的石头不够多，是吗？现在，马上把这些石头扔出去！扔的越远越好！"

听完爸爸的话，我顺从地走到门外，将口袋里的金粒、羊角化石、甲虫等悉数倒在废石堆上。妈妈叹了一口气，无可奈何地说：

"亨利，我真是拿你没办法了。如果你带回来一些青草，还能给我们的兔子当食物。可是，你看看你带回来的都是些什么东西？你的衣服被碎石头扎破了，那些甲虫还可能将你咬伤，它们一点儿用处都没有啊！真是一个鬼迷心窍的孩子！"

妈妈说的没错，我是被迷住了心窍，不过，迷惑我的是大自然。大自然拥有无穷的魅力，是我心中的瑰宝。等我再长大一些，我将那片草地的秘密解开了一些。那些闪闪发光的物体，不是钻石，也不是其他的金银珠宝，它们是岩石的结晶体；溪流里面的金色沙粒是云母，不是神龙守护的金子。就算是我后来弄明白了一些事情，池塘的神秘感好像被削弱了，不过，对我来说，它的魅力有增无减。

名师指津

真实的原因是源于对大自然的热爱，并不是因为少儿贪玩。大自然的无穷魅力，也正是作者的智慧源泉。作者从头到尾展现"池塘"神秘的同时，也给读者留下更有韵味的思考。

名师赏析

昆虫学家法布尔以轻松的笔触，讲述了自己的童年趣事，尤其是对一片其貌不扬的池塘，生发出如此深厚的感情。大自然就是一个辽阔神秘而又多姿多彩的世界。作者独具匠心的思维方式和细致入微的观察，使其笔下的池塘呈现出一个美感十足的生物画面，也让我们了解到其热爱昆虫的心路历程。

本文内容朴实，语言活泼，刻画的生物极富美感。尤其放养小黄鸭的这一情景，使我们如身临其境，情不自禁地勾起童年生活的回忆，真是乐趣无穷啊！

学习借鉴

好词

难以预料　与之媲美　翩翩起舞　简洁有力

不甘寂寞　扬扬自得　风平浪静　捉襟见肘

好句

＊抵达目的地时，小鸭子们瞬间变得精神奕奕，箭一样窜到草丛中寻找食物去了。

＊在清澈见底的溪流中，我发现了许多附着在沙石上的金色的沙粒，在水流的冲击下，它们跳着美丽的舞蹈。

思考与练习

1.通读全文，你认为池塘的"神秘"之处是什么？在作者的笔下，平静的池塘里热闹非凡，你喜欢哪一种小昆虫？说说你的理由。

2.作者法布尔被公认为拥有"哲学家一般的思想，美术家一般的看法，文学家一般的抒写"。他一遍遍欣赏池塘，为什么"都觉得不够"？

菜青虫

━━━━◆ 名师导读 ◆━━━━

　　面对个头小巧的菜青虫，你能想象它们居然是不折不扣的贪吃鬼吗？"贪吃鬼"这个看起来俏皮的绰号，却着实为我们的菜农伯伯带来了不小的麻烦。为此，人们想出了千奇百怪的方法与之对抗，哪一种最为有效呢？读完这篇文章，答案便会揭晓。

　　我们蔬菜的老祖宗可以说是卷心菜了，在古代，人们就开始吃这些了。事实是，在人们开始享用之前，它就已经生活在这个地球上很多年了。所以，对于它是什么时候出现的，人们是怎么种植它们的，什么方法，我们都无法知道。

　　植物学家的实验结果告诉我们，卷心菜开始只是一种长茎、小叶，长在临近大海的悬崖上，属于无人养殖的植物。历史也不会对它过多地记载，历史需要记住的是那些宏大的战场，血流成河的地方。历史认为这一个小不点为人类提供生命食材的东西不值一提，历史告诉我们各国国王的喜好，却没有记录小麦是怎么产生的。希望以后的历史可以换一种思路。

名师指津

这一章节的题目是菜青虫，作者开始却先介绍卷心菜，这样的写作方式为下文提到菜青虫做了很自然的铺垫。

43

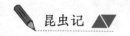

名师指津

这是本文中的过渡段，引出下文对虫子的描写。

名师指津

它们有四瓣花，排列成十字，因此有了这个名字。

卷心菜的事，我们了解很少，有点遗憾。它是一种很难得的东西，只从发生它身上的故事就可以知道：人类、动物都跟它有剪不断的关系。

一种普通的大白蝴蝶的毛虫，卷心菜就是它的衣食父母啊。它们靠着卷心菜和其他一切类似的植物叶子生存，比如：花椰菜、白菜芽、大头菜，以及瑞典萝卜等。

这些虫子也吃别的一些类似于卷心菜的植物。这些植物都属于十字花科——植物学家给它们起的名字。而白蝴蝶的卵会排在这些植物上。但是白蝴蝶是怎么分辨十字花科植物的呢？它们又没有研究过，这是个疑问。

我研究花草植物之类的已经有数十年之久了，如果直接让我断定一种没有开花的植物是否是十字花科，我必须查书。不过，有白蝴蝶的帮忙，我就可以省去查书这道工序了，我对白蝴蝶的判断力毫不怀疑。

每年白蝴蝶都会有两个成长期。第一次是 4 至 5 月的时候，第二次是 10 月份。这两个时间段都是卷心菜的成熟期，白蝴蝶把时间和菜农们合计在一起了，白蝴蝶快出来的时候，说明我们就要有卷心菜吃了。

淡橘黄色的卵是白蝴蝶的，它们都会堆在一块。叶子两面都可能是它们产卵的地方。一个星期的时间，卵就可以长成毛虫。在卵出来后，它们做的第一件事就是吃掉卵壳，我看到过很多次这样的事，但不知为什么。

我猜想应该是：卷心菜上面有类似于蜡油的东西，很滑，这些毛虫为了不让自己滑到，所以需要用丝线绑住自己的脚，但这需要原料。而它们的壳是与丝性质相类似的东西，所以它们才会吃掉这些壳，在胃里转化成自己需要的丝。

很快，这些小虫们就可以吃到东西了，但是卷心菜的不幸也就开始了。它们的食量很大，我采了一大把叶子去喂养我实验室里的幼虫，两个小时的时间，这个叶子只剩下脉络了，什么都没留下。如果是这个速度的话，那这片菜地，将近一百公斤的卷心菜恐怕撑不过一个星期就会被它们消灭掉。

小毛虫们很贪婪，除了吃几乎什么都不做，有时候会伸展一下胳膊腿，做个动作稍微休息下。在几只小毛虫整齐地排在一起吃的时候，你会发现它们会同时抬头，同时低头，这样做着重复的动作，似乎是普鲁士士兵们在操练似的那么整齐。我不理解什么意思，难道是表示它们有一定的战斗能力？还是说它们在享受阳光下的幸福日子？不管怎样，这是它们成年之前唯一的运动。

一个月后，也就是它们吃了一个月，终于吃饱了。开始活动了，四面八方都是它活动的场地。一边爬动着，一边向着天空做着俯仰运动，大概是为了消化和吸收吧。

气候开始变冷的时候，我把这些小客人们放在花房里，花房的门是开着的，但是有一天，我惊讶地发现，这些小虫子们消失了。

我在周围墙角下找到它们，这些地方离花房有三十码远。它们在屋檐下，把冬季的住房问题解决了。卷心菜里面的毛虫长得很健壮，应该可以抗拒寒冷的。

小毛虫们在它们的新家里面，开始织茧子，把自己变成蛹。第二年春天，就会变成蛾从里面飞出来。

这些小故事，也许你觉得很有趣。但是，如果我们放任

名师指津
用具体的数字说明菜青虫的惊人食量，让读者一目了然。

名师指津
作者运用拟人的手法，用独特的视角写出了小毛虫的爬行方式和它的可爱。

它们繁殖的话，那我们的卷心菜就要灭种了。如此，在我们听到有一种昆虫是专门以卷心菜毛虫为食，我们就不会感到心疼了。这样它们也不会大量繁殖了。

吃卷心菜的虫子对我们不利，那么它的敌人就是为我们好了。

名师指津
作者认为避免菜青虫侵害蔬菜的有效方法，唯有亲力亲为，绝非是什么偷懒省事的怪招。

其实，面对这些破坏菜田的小坏蛋，我们唯一的应对措施就是坚持精心看管菜园。每一颗卷心菜的菜叶都要被照顾到，经常认真检查。一旦发现叶面上有虫子活动的迹象，必须要彻底消除：虫卵，一定要毁掉；幼虫，务必要踩死。这样做，肯定需要付出大量的人力和时间。但是，如果我们想要卷心菜健康成长，这样的付出就无法避免。

有些对我们有益的昆虫们长得很小，从来都是无声地工作，所以我们的园丁们都不会去注意它们，甚至都不知道还有这一群工作者存在。就算园丁们偶尔看到它们在保护对象附近巡逻，也不会关注，更不知道它们的非凡成就。

现在，我给这些小小工作者们一些赞美。

因为它们个子实在是太小了，所以科学家们称它们为"小侏儒"，我们也这么称呼它们吧，我也找不到更合适的称呼了。

我们先来看看它们到底是怎么工作的吧。

名师指津
通过这个过渡句，很自然的将读者的思想引到对它们工作方式的关注上。

春季，假如我们在菜园子里，就会很容易发现在墙上或者是栅栏下边的枯草上，一堆一堆的黄色小茧子，每一堆都大概有榛仁大小，旁边会有一条毛虫，生死不论，却是一整条。这些小茧子们就是它们的劳动果实。"小侏儒"们吃了毛虫之后才能成长，这些毛虫的肢体也是小侏儒们切掉的。

"小侏儒"们和幼虫没得比。在毛虫们在菜上产下卵后，这些"小侏儒"们马上光临，把自己的卵产在卷心菜毛虫的卵表层上。一个毛虫的卵，一般可以供好几个"小侏儒"产卵。根据它们卵的大小来看，一只毛虫可以抵上六十五只"小侏儒"。

这些小毛虫成年之后，似乎没有痛苦，它们照常吃饭、游玩、寻找适合做茧子的地方。它还可以正常生活。但是它们都很没有精神，慢慢就瘦下来了，最后默默地死去。这是必然的结果，因为有那么多的"小侏儒"在它身体里面喝它的血。毛虫们一直努力地生活，一直到身体里的"小侏儒"将要出来的时候。它们从毛虫身体里出来后，开始自己的工作，织茧，然后变成蛾子，最后破茧而出。

名师指津
作者用温和的语言风格写出了食物链中物竞天择的规律。

名师赏析

本文主要向我们介绍了小菜虫的"大胃口"，以及人们绞尽脑汁地应对随之而来的危害。作者讲述小菜虫两个小时吃掉一大片菜叶，是直接地告诉我们它的食量。这样的处理方式，不仅加强了我们对小菜虫贪吃的印象，也使我们更加了解它对菜园的危害。

相区别于法布尔以往大篇幅描写昆虫本身的文章，这篇文章则是把较大的笔墨用在描写农夫如何防虫上。作者讲述了两种人们信以为真，实则荒谬无奇的便捷防虫方法。对于它们的批判，是要告诉我们根深蒂固但没有得到实践验证的观念，并不一定是正确的。要想做成一件事，只有亲力亲为，脚踏实地肯下苦功，防虫这样，学习同样如此。

好词

不值一提　衣食父母　四面八方　无法避免

非凡成就

好句

* 历史也不会对它过多地记载，历史需要记住的是那些宏大的战场，血流成河的地方。

* 有些对我们有益的昆虫们长得很小，从来都是无声地工作，所以我们的园丁们都不会去注意它们，甚至都不知道还有这一群工作者存在。

思考与练习

搜索资料或利用已有的知识，想一想其他防治菜虫的方法。

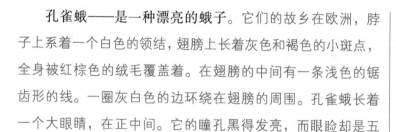

孔雀蛾

━━━━ 名师导读 ━━━━

　　看完本篇文章，如果你没有见过孔雀蛾，脑海中一定会描绘出它美丽的样子。而如果你曾见过孔雀蛾，一定了解更多关于它的故事。也许你会惊讶于寻找配偶，对于它一生的意义竟是如此的重要。或是为它们勇敢追求爱情而感动不已。

　　孔雀蛾——是一种漂亮的蛾子。它们的故乡在欧洲，脖子上系着一个白色的领结，翅膀上长着灰色和褐色的小斑点，全身被红棕色的绒毛覆盖着。在翅膀的中间有一条浅色的锯齿形的线。一圈灰白色的边环绕在翅膀的周围。孔雀蛾长着一个大眼睛，在正中间。它的瞳孔黑得发亮，而眼睑却是五颜六色的，有黑色、白色、栗色、紫色共同组成。

　　孔雀蛾小时候是一种漂亮的毛虫。它的身体是以黄色为主，在黄色上面是蓝色的珠子。杏叶是它们赖以生存的食物。

　　5月6日的早上，我在昆虫实验室的桌上，看见一只雌的孔雀蛾破茧而出，便立刻将它扣留在提前准备好的钟罩里。我并没有什么目的，出于习惯，我总是习惯把有趣的事物，

名师指津

漂亮的孔雀蛾真可谓是五颜六色，光彩夺目，不愧称为孔雀蛾。

◀名师释疑◀

眼睑：眼睛周围能开闭的皮，边缘长着睫毛，俗称眼皮。

放在透明的钟罩里慢慢欣赏。之后我得到了意外收获，证明了那是个好习惯。

在晚上 9 点，大家准备休息的时候，隔壁房间里突然发出巨响。

小保罗衣服都来不及穿，在屋子里疯狂地蹦着、跳着、捶打着椅子。我听见他喊："快来呀！这些蛾子，变得像鸟儿一样，满屋子都是！"

我立刻飞奔过去，小保罗的话一点儿也不错，房间里到处是大蛾子，尽管有 4 只被捉住关进笼子里，但还有一些在天花板下自由翱翔。

这个情景勾起了我的记忆，我马上想到早上被我关起来的可怜虫。

我对儿子说，"快穿好衣服，把鸟笼放下，跟我来，还有更有趣的事儿呢。"

我们马上下楼，奔向房子右边的书房。我发现厨房里的仆人被这突发事件吓得不知所措。她在用围裙扑打着这些大蛾，一开始她以为那是蝙蝠。现在，我知道孔雀蛾已经侵入我家里的各个角落，家里的每个人都被打扰了。

我们拿着蜡烛走进书房，发现书房的一扇窗户开着。而那些大蛾子们舞动着翅膀，绕着钟罩飞来飞去，飞上飞下，飞进飞出。它们发现我们的时候，就冲向我们，用翅膀扑灭蜡烛，然后停在我们肩上，撕扯我们的衣服，咬我们的脸。小保罗紧紧地握着我的手，靠着我，强装镇定。

到底有多少蛾子？书房差不多有 20 只，而其他的房间加起来差不多一共有 40 只。

名师指津

作者从生活中的这件事写起，显得更加亲切，使读者更容易接受下文的记叙。

40 位求爱者，跑来向今天早上刚刚出生的美丽公主表示爱慕之情。

一个星期里，这些大蛾们每天晚上都会来拜见它们的公主。那段时间正好是暴风雨的季节，晚上一片漆黑。我们的屋子又是被许多大树包围着，很难发现，它们却克服了这一切，飞来朝拜它们的女王。

恶劣的天气，即使是那凶猛的猫头鹰都不会轻易离开巢，可这些孔雀蛾却毫不犹豫地飞来，不受任何阻挡，安全到达这里。它们是执着的、无畏的，黑夜对它们来说和白天没有区别，它们在到达目的地的时候，可以保证自己的完好。

孔雀蛾的一生的使命就是找对象。为了这个使命，它们持有一种特有的天赋：无论多远，天有多黑，障碍物有多少，它们总能找到它们的配偶。它们一生中，大概有两三个晚上是可以花费每晚的几个小时去寻找对象。如果找不到的话，那么它们的一生也就此结束。

当别的蛾子们在花园里飞来飞去地品尝蜜汁的时候，孔雀蛾却不知道吃是怎么一回事。它们不懂吃。所以，它们的寿命自然不会很长，只够它们找一个伴侣。

名师指津

作者把刚刚出生的雌蛾比喻为其他 40 只蛾子心中的新娘，公主，女王。40 只蛾子不畏艰难，穿过黑暗来与这只新生的雌蛾见面，到底是为了什么呢？

名 师 赏 析

本文最大的特点是把对孔雀蛾的观察和描写融入于生活场景中，生活气息浓重，突破了以往人们对科普文章枯燥无味的刻板印象。更进一步，作者把孔雀蛾的形象赋予了人性化处理，例如，"40 位求爱者，跑来向今天早上刚刚出生的美丽公主表示爱慕之情。"生动形象地描绘了家中蛾子满天飞的情景，另一方面，道出了孔雀蛾一生追求伴侣的目标。

▶▶学习借鉴

好词

破茧而出　自由翱翔　不知所措　爱慕之情

好句

* 我并没有什么目的，出于习惯，我总是习惯把有趣的事物，放在透明的钟罩里慢慢欣赏。

* 它们发现我们的时候，就冲向我们，用翅膀扑灭蜡烛，然后停在我们肩上，撕扯我们的衣服，咬我们的脸。

* 它们是执着的、无畏的，黑夜对它们来说和白天没有区别，它们在到达目的地的时候，可以保证自己的完好。

思考与练习

1. 为了寻找伴侣，孔雀蛾做出了那些努力和牺牲？

2. 观察一种你喜欢的昆虫，模仿本文作者对孔雀外形的描绘，描写出这种昆虫的外形。

舍腰蜂

—— 名师导读 ——

　　提到蜂，你会想到哪些种类？蜜蜂？马蜂？本文从外形，习性等方面，介绍了一种读者并不十分熟知的蜂类，开阔了我们的眼界。这种名为舍腰蜂的蜂类，天性安静，喜温暖，常常把巢筑在人家的烟筒里，它为什么拥有这样的特点？它为什么如此与众不同？阅读文章后你也许会得到意想不到的收获。

选择的地点

　　很多昆虫热衷于在我们的屋子四周建造巢穴，其中的舍腰蜂最容易勾起我们的好奇心。它是一种十分漂亮的生物，不仅外貌美观，而且大脑也很灵活。除此之外，它还能筑造一种非常怪异的巢穴。不过，真正认识它的人非常少，这与其喜欢清静的性格分不开。即使它把家安在人们的火炉边，也绝不会引起什么轰动。人们不会受到它的侵扰，自然也不会发现它的存在。相反，那些吵吵嚷嚷、爱出风头的居民，

名师指津

开门见山，引出这一章的记叙的主题——舍腰蜂。

53

总是能引起人们的厌恶之情。鉴于它有着如此优良的品格，现在，由我来将它呈现在大家的面前吧！

舍腰蜂是一种喜暖的生物。在太阳的照射下，棕榈树自得地生长，蝉儿悠然地歌唱，舍腰蜂也将巢建在了阳光下。很多时候，为了整个家族的利益，使它们获得比阳光下更多的温暖，它经常待在人们的居所内。

一般情况下，农民的小茅屋是它的常住地，屋外种着一棵无花果树，树荫下是一口井。当它准备筑巢时，会非常慎重地选址，不仅要求夏天的光热能够照射到，而且<u>经年</u>工作不休的火炉也成了最好的选择。在寒冷的冬夜，什么样的火炉能满足需求，它心里十分清楚。在挑选火炉时，它会自己做出判断：如果烟囱里有黑色的浓雾冒出，选择这里绝对没错；反之，坚决不能选择，除非它自己想挨冻。

七八月间，是一年中最炎热的时候。就在这酷暑的某一天，一只舍腰蜂闯进了人类的屋子里，它是在找寻筑巢的最佳地点。当时，屋子里一片喧哗，人们根本没有留意到这个意外的访客。当然，小小的访客一点儿也不在意人们正在火热地进行的活动，专心致志地寻找着。它一会用尖锐的目光侦查，一会又用机警的触角勘探，双管齐下，到处寻找，漆黑的屋顶、木头的缝隙、烟囱里和火炉旁边，一个都不放过。其中，它的重点视察对象是火炉旁边。忙活一阵子之后，它终于找到了合适的地点，随即振翅飞走了。不一会儿，它又携带着泥土回来，作为巢穴底层的主要建筑材料。

被它选中的地点并不是一成不变，而是哪里合适选择哪里。一般来说，这些地方看上去都很怪异，舍腰蜂最喜欢的地方是烟筒内壁的两边，这里的温度最适合它生存。在烟囱里高约 20 寸的地方，它将巢穴的地点定在那儿。虽然它为自己选择的居所是一个非常惬意的地方，但居所的缺陷也是显而易见的。

烟灰从烟囱里向上冒出，一旦经过窠巢，就会把它变为烟囱砖块的颜色，成了棕色或黑色。如果烟火穿不过窠巢，那对舍腰蜂来说更麻烦，它很容易窒息在巢里。母蜂可能懂得的很多，它知道应该把巢址选在哪里最合适，它选择的地方非常宽阔，只有烟灰可以穿过，其他物质都无法进入。

尽管它一直以来处处小心，但偶尔仍会遇到一些风险。从烟囱里冒出的一股烟气，可能会打断它的建巢工程，有时是一会儿，严重的话一整天什么也干不了。最可怕的是人类用热水煮衣服，整整 24 个小时，浓烟不断冒出，大盆中的热水也在持续沸腾。当烟灰和水蒸气相遇，掺杂在一起就会变成浓密的云雾，对舍腰蜂和巢穴产生致命的打击。

在大坝下，有一个很大的瀑布。据说，河鸟每次返回巢穴，都要从这里穿过。舍腰蜂比河鸟还要胆大，在舍腰蜂的必经之路上，有一处云雾缭绕的地段。这里，烟雾弥漫，雾气一点也不薄，当它用嘴衔着泥块飞入时，根本看不到它的身影。云层中，有凌乱的鸣啼声不断地传出，只有它在忙碌的时候，才会哼唱这首歌。所以，我们可以肯定，它已经身在其中，忙于诡秘的建造任务。当它毫发无损地现身于云层外时，便不再唱歌。这种充满风险的飞行，它几乎天天进行。一旦巢穴建造成功，粮食也贮存完毕，它就会将穴门关闭，暂时不再继续这种危险的飞行。

名师指津

将河鸟和舍腰蜂作对比，突出了舍腰蜂的胆大。

◥名师释疑◤

诡秘：（行为、态度等）隐秘不易捉摸。

当舍腰蜂出现在我的灶台里时，每次仅仅是我自己发现了它。有一天，在我洗衣服的时候，它出现了，那是我首次发现它。曾经，我是爱维侬学校的老师，每当还差几分钟到两点时，学校的鼓声就要响起，提醒我给羊毛工人授课的时间到了。正当我准备前往讲课时，在洗衣服的木桶里，一只奇特的小虫子穿过水蒸气，出现在我的眼前。它身材轻盈，躯干娇小，尾部却很粗大。在躯干和尾部中间，有一根长长的线丝，将它们连在一起。没错，它确实是舍腰蜂，这是我首次无需认真观察，就能一眼认出它。

那时，与它搞好关系，是我最热切期望的事。于是，当我离开家时，特意嘱托亲人，别让它受到骚扰。事实上，事态的发展比我预想的还要好。我从外面回来后，发现它并没有走，还在水蒸气后面开始筑巢。于是，我让屋里的火停止燃烧，以此削减产生的烟灰量。我认真地凝视着迷雾中的舍腰蜂，一直持续了将近2个小时。

此后，将近40年，它再也没有来过我的家中。不过，在邻居家的灶台上还有它的身影，于是我去那里认真地观察，以此获得了更深入的了解。

舍腰蜂的习性很特殊，与普通黄蜂是有差别的。它总是选择孤零零地四处漂泊，在筑巢生活的地方，往往只有一个巢穴存在，同类几乎不曾出现。在城郊南边的农舍里，尽管屋里烟雾弥漫，但它一点也不嫌弃，反而经常出现在那里。相比之下，城市里那些洁白的豪宅却是它最讨厌的地方。在我住的村子里，舍腰蜂是最常见的，其数量超过了我知道的其他所有地方。在阳光的照射下，村里歪斜的屋舍已经变成

名师指津
作者对家人的嘱托正体现了他对昆虫观察的热爱。

名师指津
因为这样有助于作者清晰地观察它建巢的过程、猎物的类型以及舍腰蜂从小到大的演变过程等。

了黄色，非常有特点。

显然，舍腰蜂将巢穴筑在烟囱里是有原因的。在烟囱里安家，不仅是项体力活儿，也是一个充满风险的任务。因此，它考虑的是整个同类的利益，而不是自己的舒服。将巢筑在这个高温地段，可以凸显它与黄蜂和蜜蜂的区别。

过去，在一个制丝的锅炉房里，我看到一只舍腰蜂将巢穴筑在炉子上方的天花板上。除了厂房不工作的夜晚和节假日外，其余时间，这里的温度都很高，温度计通常保持在120度。

对于舍腰蜂来说，最适应的生存地是锅和炉灶。不过，只要其他地方的生活也很安逸，它也乐意前往。像花室、厨房顶上、闭塞的窗户缝、卧房茅草屋的墙壁上等，这些地方也有它的身影。它从来不考虑巢穴的根基打在哪里，一般情况下，在岩石或木材上经常能见到它的巢，并且巢上还有很多小孔。不过，偶尔也会出现在葫芦里、皮帽里、砖缝儿、没有盛小麦的袋子里、或金属铅制成的管子里。

在爱维依附近的一个农夫家中，我曾见到过一幕相当罕见的场景。农夫家里有一个非常大的炉灶，上面有几个锅排放在灶台上，一些是专门用来为农民们熬汤的，还有一些是煮食动物饲料的。当农民们劳作回来时，已经饥肠辘辘，因此他们默不作声地快速吃着锅里的饭。他们摘下了帽子，将上衣脱掉，吊在钉子上，这样吃饭会舒服很多，哪怕只有半个小时。这短短的吃饭时间给舍腰蜂提供了大好的机会，它利用这大把的时间，迅速攻占了他们的衣服。很快，它便着手建巢，把草帽变成最符合的领地，上衣的褶皱缝隙当成最

名师指津

这也从另一个侧面反映，舍腰蜂可以接受的高温。

名师指津

用拟人的手法，让我们了解到舍腰蜂的对生活环境的选择要素是温度适宜，因此我们可以在很多地方看到它们。

名师释疑

饥肠辘辘：肚子饿得咕咕直响。形容十分饥饿。饥肠，饥饿的肚子；辘辘，形容肚子饿时发出的声音。

适应的巢穴。这时，一个农民吃完饭，从餐桌附近起身，走到衣帽处，拿起衣服甩了甩。其他农民也相继吃完，取下钉子上的帽子。尽管此时舍腰蜂筑的巢已经有橡木果子那么大了，但还是被无情地弹掉了。

农夫家的女厨师特别讨厌舍腰蜂。她觉得，有舍腰蜂的地方都是脏兮兮的，因为它经常把筑巢的泥抹在天花板、墙壁和炉筒上。不过，衣服和窗幔上的情况稍微好一点，至少她天天用竹子捶打窗幔。尽管如此，舍腰蜂还是很难被赶走，今天赶走了它，明天又来了。

舍腰蜂的建筑物

对于女厨师的遭遇，我为她感到难过，而不能为她分忧，是最让我有负罪感的。要是有办法让舍腰蜂安稳平静地待在一处，即使是把家弄得脏兮兮的，也不要紧，毕竟只有这一块地方是脏的。我非常想了解，如果舍腰蜂不把巢筑在像衣服和窗幔那么坚固的物体上，那将会有什么情况发生呢！它的巢穴依树而建，在树枝的周围，将坚硬的灰泥牢牢地粘在上面。不过巢穴的材质，只选用湿地上的湿润泥土，而不是水泥或其他硬质材料。事实上，小河附近那些含沙量小、具有黏性的土壤，最适宜筑巢。可是，在我们生活的小村庄里，土壤含沙量大，小河也很难见到。于是，我在自家的园子里，在蔬菜种植区挖了一条小水渠。偶尔，还有水一天到晚地流淌在水渠里。这样，闲来无聊的时候，我便能看到舍腰蜂。

近距离观察舍腰蜂，我发现了一件令人高兴的事。在水渠的旁边，舍腰蜂看到有一层湿润的泥土，这在如此干枯的环境中是非常难得的。于是，它紧紧把握住这一机会，用下颚将外层平滑的泥刮起来，竖起脚尖，拍打翅膀，抬高黑色的躯干。当农妇在泥边工作时，会把裙子谨慎地拽高，避免粘到污泥。即使这样，还是会或多或少粘到一些。而舍腰蜂采取了一定的技巧，在拿到湿泥的同时，将身体抬高，这样只在脚尖和下颚上弄到了一些污泥，其他地方完全是干干净净的。

它把湿泥滚成了一个豌豆大小的圆球，用牙咬住，带回去加厚它的巢穴，接着又飞回来进行同样的工作。尽管现在的气温是一天中最高的，但舍腰蜂还是持续不断地工作，直到泥土变干。

对于舍腰蜂来说，土质最好的地方是村民饮骡子的泉边。这里的泥土，随时都是湿漉漉的，最毒的阳光和最猛烈的风也不能吹干。这充满烂泥的道路，不利于行人走路，不过舍腰蜂很乐意飞来，站在骡子的脚底下滚泥球。

黄蜂和舍腰蜂有很大不同，它直接用事先做好的水泥筑房子，因此造成的房子根本抵挡不了变化多端的天气，一点也不牢固。只要上面被撒上一点水，水泥就会迅速恢复成泥土，如果再来一场大雨，那它的房子就变成了一滩烂泥。因为水泥本身就是由烂泥变干转化而成，一遇到水，又会被打回原形，黄蜂只能重新构建自己的家。

舍腰蜂经常把巢筑在人们的屋檐下，尤其是冒着热气的烟筒里，主要是因为这里可以阻挡风雨的侵袭。因此，假定

名师指津

当我们学会认真观察的时候总有些意外的收获，你有没有养成认真观察的好习惯呢？

名师指津

作者在这里用一整段的文字介绍了黄蜂搭建的巢穴，说明了其不稳定性，和舍腰蜂筑造的稳固巢穴形成了鲜明对比，表达了作者对舍腰蜂筑巢本领的赞扬。

幼蜂能适应寒冷的气候，但为了保护巢穴，也应该选择这里，毕竟巢穴的安全才是最主要的。

在巢穴没有完全被遮掩起来，做最终的修饰之前，它的外形落落大方。众多小窠穴以两种形式排布：一种是排成一条直线，看上去像一个口琴；另一种，也是最常见的一种，是彼此叠加垒积而成，不过数目不一，最少的只有一个。

从外形上看，窠穴像一个圆形的筒，口比底座稍微大一点，高一寸左右，直径半寸。当巢穴经过认真的装饰后，外表看上去非常精细。外部有多处凸起，排成一列分布在周围，像一条条金色的线条镶在上面。其实，这些凸起的线条，是在堆砌的过程中，将新的一层泥土垒在旧的上面而显现出来的，它们是每一层窠巢的分界线。通过线条的数目，很容易推算出黄蜂搬运泥土的次数。一般情况下，每个巢穴有十五到二十次。可见，这个建筑师要辛辛苦苦来回搬运泥土约二十次，才能完成筑巢工作！

如果窠穴的口开在下方，那它根本无法存储食物，因此口必然是向上开。舍腰蜂的巢，只是一个存储蜘蛛的罐子。

经过逐层堆积，舍腰蜂的巢穴建造得非常成功，然后在每一层都填满了蜘蛛，产下蜂卵盖在蜘蛛的上面，将穴口封住。不过，它的外表仍很漂亮，没有受到任何影响。当舍腰蜂觉得窠穴已经能满足它的需求了，才停止继续堆积。然后在整个巢穴的外围，铺了一层泥土，起到很好的保卫作用，这使巢穴更加牢固。不过，最后的这道工序，一点也不像建造窠穴那样精细，注重装饰。运来的泥土，只进行简单的堆积，全数铺在上面，随意锤击两下，使泥土不至于堆在一处即可。

名师指津

将舍腰蜂筑造的巢穴比作口琴，形象地写出了巢穴的外形和整齐。

名师指津

经过舍腰蜂装饰后的巢穴的样子和没有经过装饰的时候形成前后对照，表现了舍腰蜂强大的筑巢本领。

漂亮的巢穴，完全被这最后一道工序毁了，看上去就是人扔在墙上的一坨烂泥。

它的食物

我们了解了储存食物的罐子外形，现在也有必要了解一下罐子里装的食物。

舍腰蜂以捕食蜘蛛为主，每个类型的蜘蛛都能吃，只要能塞到罐子中，都可以拿来储存。因此，在巢穴中，蜘蛛的类型、大小各异，即使在同一个里面，也是如此。在窠穴中，最多的是十字蜘蛛，在它的后背上，长着三个相交成十字架形状的白色斑点。

对于舍腰蜂来说，在猎获物中最具风险的是一种长着有毒触角的蜘蛛。一旦碰到大个的毒蜘蛛，舍腰蜂如果想要猎获它，一定要非常英勇，有足够的技能才可以。如果窠穴建造得稍小，是放不进去大只毒蜘蛛的。因此，在捕食过程中，舍腰蜂倾向于选择个头小的，即使发现一大群，它也从最小只下手。尽管它已经拣选了个头最小的，但是猎物的大小还是有很大区别。这间接决定了每个巢穴中的储存个数，有的里面可能是一堆，有的只有五六个。

它喜欢个头小的蜘蛛还有一个原因，是必须把死蜘蛛放进巢中。它是先猛然压住蜘蛛，连续拍打翅膀直至死亡，才拿到巢穴。这样带回来的死蜘蛛，很容易变质。不过储藏的蜘蛛都不大，恰恰可以满足一餐的分量。大蜘蛛得分好几顿

名师指津
舍腰蜂不喜欢去远方捕猎，只喜欢靠近巢穴的地方，而十字蜘蛛轻易便能找到，因此这也是为什么在巢穴中，这类蜘蛛最多的主要原因。

名师指津
从这里可以看出动物都是非常聪明的。

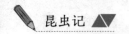

◑名师释疑◐

蛴螬(cáo)：金
龟甲的幼虫。

才能吃完，吃的过程中就会溃烂，波及到穴里的<u>蛴螬</u>。

一直以来，舍腰蜂将抓到的第一只蜘蛛放在最底层，然后把卵排在上面，蛴螬总是先把时间较长的蜘蛛吃掉后，才能吃到最后放进去的。这样做非常明智，蜘蛛还来不及腐烂，已经被解决了。

舍腰蜂把卵固定地排放在蜘蛛身体的特定部位上，将卵头朝着蜘蛛肉最多的地方。这样的摆放方式对蛴螬非常有利，它能品尝到柔嫩和美味的食物。而且，蛴螬很节约，一点也不浪费食物，通过咀嚼八到十天，将所有的蜘蛛吃得干干净净。

吃完后，蛴螬着手作茧，从嘴里吐出一条洁白的丝线，看上去非常精美绝伦。同时，体内还流出某种液体，渗入丝线的孔里，慢慢地凝固成明亮的漆，用于确保茧的安全和坚固。尤为重要的是，蛴螬还在吐茧的地方，塞一个坚固的物体，做好所有的稳妥工作。

完成的茧衣像葱头表层一样，不仅颜色是透亮的琥珀黄色，有精巧器官结构，而且用手摩擦还会沙沙作响。在不同气温的影响下，有的茧可能孵化快，有的可能会慢一点，不过幼虫最终都会破茧而出。

运用比喻和直
观描写等手法，
让读者仿佛能
直接看到茧衣
的样子。

如果我们在舍腰蜂贮藏好食物后，玩弄它一次，就会发现它具有先天的呆板性。它将捕捉的第一只蜘蛛放进建好的巢穴中，在蜘蛛肉最多的地方产下卵，一切保存工作完成后，又继续去寻找食物。当它走后，我趁机从巢穴中取出死蜘蛛和卵。

正常情况下，我们的猜测是，舍腰蜂把细小的卵排在大蜘蛛上，只要略微聪明一点，肯定会发现巢穴里的卵不见了。

如果看到巢穴中什么都没有，它会毫不犹豫地排卵弥补损失吗？事情并没有朝着我们预想的那样发展，它采取了一种让人难以理解的举措。

当它发现巢穴是空的后，像什么事情也没有发生过，又飞去捕捉了两只蜘蛛储存到巢中。每次它飞走，我都趁机取出，当它再次回来后，巢里依然是空无一物。花费了两天的时间，我一直重复着趁机拿走蜘蛛的任务，而舍腰蜂也执着于完成永远无法储存的工作。就这样，来来回回进行了十几次。到了第二十次，可能它觉得这样的飞行实在太累了，也或许是自认为巢穴里的食物足够了。因此，小心翼翼地将里面空空如也的巢穴封存起来。哎！它来来回回这么多趟，要是果真没有察觉到这一现象，那就太可悲了！

无论发生什么样的事情，昆虫的聪明都有局限性。所有的虫类都一样，遇到任意一起突发事件，都没有能力去处理和反抗。尽管它们努力拼搏，却缺乏领悟技能，这样的事例还有很多。通过长久的观察，我肯定舍腰蜂是在无意识和被动的状态下从事劳动。对于工作的计划和技巧根本无法理解，包括建巢、结茧、捕杀猎物，就像它不知道自己的消化功能和分泌作用一样。因此，我断定它也很奇怪自己为什么会具备这些独特技能。

单一的思维无法适应多变的处境，也不能解决意料之外的事情。只有它学会一种技能，通过训导，才能了解容忍和推辞的限度。这类型的训导是存在的，也是它要具备的。但是，我觉得"才智"一词太简单了一点，应该定义为"分辨能力"。

在昆虫的潜在思维里，是否知道自己的所作所为呢？答

名师指津
设置悬念，引发读者的猜想和好奇心，增添了文章的趣味性。

名师指津
通过具体数字，说明了舍腰蜂的坚持，也反映了作者认真细致的观察。

名师指津
实践不能使它获得什么，岁月的沉淀也不会让它的认识有所提高，因为天性难改。

名师指津
作者用实际事例来说明自己的观点，使文章更有说服力。

案有两种情况，天性的行为是无意识的，而分辨能力指导的行为是有意识的。

就拿巢穴来说，在天性的指导下，舍腰蜂的筑巢与岁月和拼搏没有关系，也不需要参照蜜蜂的方式，选用细沙水泥筑巢。而是有自己独特的方法，使用的建筑材料一般是潮湿的泥土。

舍腰蜂的巢穴，一定要隐藏在可以遮挡暴风雨的地方。起初，它可能会觉得在大石头下隐蔽一点的地方筑巢是最适宜的；慢慢地，又发现了比大石头下还要优越的地理位置，于是又开始占领人类的屋子。这种技能，就是分辨能力。

它以蜘蛛为食，喂养孩子，属于天性。其实，吃小蟋蟀也很不错，可它难以了解。但是，为了能让孩子有食物吃，不至于饿肚子，在十字蜘蛛匮乏的情况下，它们会选择其他类型的蜘蛛。这种选择能力，就是分辨能力。

这种潜在的分辨能力，也许会促使昆虫在未来的进化。

它的来源

关于舍腰蜂，我们还有一点必须弄清楚。它的巢穴是用湿润的泥土建造的，一旦遇到水会变成稀泥，这要求它一定要选择一处干爽的隐秘地。因此，它需要一定的热源，也会向往人类的火炉。

那它是从哪里来的呢？难道是从其他地方迁居而来？假如它们来自于亚非利加海岸，或者是从喜热的枣树、椰子树种植地搬迁到喜凉的洋橄榄树种植地，那向往火炉的热是理所当然的。如果确实是这样，那我们就能理解它躲藏人类以及与其他种类黄蜂差别明显的原因。

它迁居到我们村子之前如何生存？巢未筑成之前，寄居在哪里？在找到烟筒之前，蛴螬的隐蔽地在哪儿？这些都是疑问。

舍腰蜂入住这里的时间可能很早，那时，靠近西边南山的古人，还在使用磨制石器，穿着羊皮制成的衣服，住在树枝和泥土搭建的茅屋里。在老祖宗亲手捏制的黏土烂盆里，或许有它建造的巢穴。在狼皮或熊皮外衣的褶皱缝隙中，大概也能发现它们的身影。古人的房子是用树枝和泥土建造的，墙壁很粗糙，舍腰蜂也会选择在这里筑巢。在这里，对于它的巢会不会挨着烟筒，我感到非常好奇。尽管古代和现代的烟筒差别很大，不过如果一时无法找到更好的地方，选择这里也是可行的。

要是我的猜想没有错，舍腰蜂与我们的祖先共同生活在这里，那它见证了一个很长时代的发展，也获得了很多文明的好处，把人类日益增长的甜蜜转化为自己的。随着文明的进步，人类开始在屋顶上装置天花板，在烟囱上加装烟筒。这时，喜暖的舍腰蜂肯定会自言自语："太舒适了，我们在此建巢安家吧！"

不过，我还想更深入地探究舍腰蜂的来源。当地球上还没有人类时，当人类也没有建造小屋居住时，当房间的墙壁上没有安置壁龛时，舍腰蜂会把巢筑在哪里呢？显然，并不是只有舍腰蜂会让我们产生这样的疑问，燕子和麻雀也是如此。当人类的居所还没有设计出窗户和烟囱时，它们的家又是安在哪里呢？毕竟，燕子、麻雀和舍腰蜂比人类的诞生要早。它们无法凭借人类的劳动成果，只能靠自己的力量掌握筑巢技能。

近三四十年来，我都常常问我自己，在那个时候舍腰蜂住在哪里的问题。

一直以来，还有一个问题已经困扰了我三四十年了，那就是现在舍腰蜂住所的位置。屋外的隐蔽处，我没有发现建过窠巢的迹象。通过不厌其烦的钻研，终于得到了一个可以解决我疑问的契机。

大约几个世纪以来，在西里南的采石场上，一直堆放着许多碎石子和其他废品。在石场上，到处都有吃着果实的田鼠或蜗牛，有生活着蜜蜂和黄蜂的蜗牛壳。当我在石堆上寻找这些废品时，舍腰蜂的巢穴竟然被我碰见了 3 次。

乱石堆上的 3 个巢穴与屋外的一模一样。巢穴的材质和外面的保护壳都是泥土。尽管把巢穴建在这里充满风险，但它并没有做任何改进。大部分的巢穴都建在石堆缝隙里，或是在高悬的石头上。在我们的屋子还没有被它占领之前，它们把巢穴的都选在乱石堆里。

不过，乱石堆的潮湿已经破坏了舍腰蜂的巢穴，作的茧丝也是<u>支离破碎</u>，样子看上去很悲惨。由于周围没有堆积厚土，根本没有办法保护蛴螬，它们已经成了田鼠和其他动物的口中食。

看着如此惨淡的场景，我不禁联想到邻居屋外的舍腰蜂巢穴，那里是否真的合适它生存呢？显然，母蜂要是真的把巢穴建在屋子外，那它应该不会被赶到乱石堆里。而且，在环境的影响下，舍腰蜂与它祖先的生存方式完全不同，我们能肯定它绝对是一个侨民。事实上，它的迁入地很少下雨，更别说下雪了，常年酷热且干旱。

我很确定，舍腰蜂的祖籍是非洲。它飞过西班牙和意大利，来到了洋橄榄树的种植地，来到了我们的布罗温司后，便不再向北飞。

据传，舍腰蜂在非洲的老家是建在石头下，在马来群岛还有同类和它一起居住。即使是跨越了地球的两端，它的一些爱好还是没有改变，那就是以蜘蛛为食、用泥土筑巢、建巢地点是人类的屋顶。要是我有机会去到马来半岛，肯定掀开乱石堆里的石头，愉快地探寻着平整石块下的巢穴。噢！这就是它的本来住址啊！

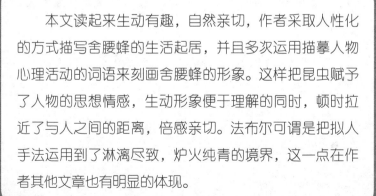

名师赏析

本文读起来生动有趣，自然亲切，作者采取人性化的方式描写舍腰蜂的生活起居，并且多次运用描摹人物心理活动的词语来刻画舍腰蜂的形象。这样把昆虫赋予了人物的思想情感，生动形象便于理解的同时，顿时拉近了与人之间的距离，倍感亲切。法布尔可谓是把拟人手法运用到了淋漓尽致，炉火纯青的境界，这一点在作者其他文章也有明显的体现。

学习借鉴

好词

专心致志　双管齐下　一成不变　显而易见

必经之路　云雾缭绕　四处漂泊　饥肠辘辘

默不作声　闲来无聊

好句

*当然，小小的访客一点儿也不在意人们正在火热地进行的活动，专心致志地寻找着。

*这短短的吃饭时间给舍腰蜂提供了大好的机会，它利用这大把的时间，迅速攻占了他们的衣服。

*所有的虫类都一样，遇到任意一起突发事件，都没有能力去处理和反抗。

思考与练习

1.文章中舍腰蜂的那种习性给你留下了深刻印象？简单地说说看。

2.发挥你的想象力，叙述一只舍腰蜂是如何从非洲迁徙到欧洲的。

迷宫蛛

◆————— **名师导读** —————◆

迷宫蛛，顾名思义，它织的网一定非常的复杂巧妙，即使网没有粘性，也不会让猎物轻易逃脱。然而，当它们要产卵时，则会告别这张替它捕捉了很多美食的蛛网，这其中到底有何玄机？它们又会到哪里筑巢呢？从文中找寻答案吧。

会织网的蜘蛛们个个是纺织能手。它们确定几个支点之后，就开始织网。不一会儿，一张做工精良的蛛网在空中迎风抖动，那可谓是捕捉猎物的利器。自投罗网的猎物一旦踏入禁地则会束手无策，蜘蛛需要做的只是坐享其成而已。

剩下不会织网的蜘蛛，但长着一个聪明的脑袋，同样能想出一些可以不劳而获的办法，享用到一些美味的食物。虽然它们都是捕猎的高手，不过，其中有几种在这方面的造诣格外突出，几乎所有昆虫类的书都有它们的介绍。

通体黑亮的美洲狼蛛就是其中的一种，它们和欧洲狼蛛一样，居住在洞穴里，不同的是，它们的洞穴更为精致一些。

◆名师释疑◆
造诣：指运用学问、文武、艺术等所达到的程度、境界、水平。

69

欧洲狼蛛在洞穴的门口砌出一道低矮的围墙，用的材料是小石子、废料和蛛丝。美洲狼蛛则不同，它们在洞穴口凿出一个小槽，再用一块圆圆的板子和一根栓子做出一扇可以活动的门，然后将门和小槽组合起来，做成了一扇会自动关闭的门。每一次美洲狼蛛进入巢穴之后，活动门会在第一时间自动落进小槽里。这种门还有另外的一个好处，必要的时候，它能将洞穴内和洞穴外面隔绝开来：待在洞穴里的狼蛛只要伸出爪子，牢牢地按住柱子，门就会紧紧地闭合起来，不管侵扰者怎样努力，门纹丝不动。

另外一种是水蛛，它们能制造出一种性质优良的潜水袋，潜水袋里面储存着大量的空气。它们在这里面等待猎物的经过，恰巧也可以避暑。在骄阳似火的日子里，水蛛的宫殿无疑是它们最好的去处。有些人发现了水蛛的聪明，随后，尝试着将房子盖在水下。其中，最有名的一个践行者叫泰比利斯，应该有人听说过他的事迹吧？他是一个暴虐的君主，在掌管罗马帝国期间，为了满足自己享乐的愿望，他让人们在水下替他建造了一座宫殿。可惜的是，除了留给人们无限的遐想和遗憾的叹息，那座水晶宫早已消失不见了。与此相对的是，水蛛的水晶宫殿灿烂依旧。

如果能得到一个细致研究它们的机会，我相信自己一定能将它们的生活习性准确地揭示出来。但是，在我生活的地方，我没有发现一只水蛛。不仅如此，狼蛛的数量也很少。有一次，我在路上遇到一只美洲狼蛛，但由于有其他的紧急事情急需处理，我狠下心走开了。到目前为止，我只见过它们那一次。于是，我只能将自己心里的想法轻轻地暂时放下。

有些人认为，稀奇的物种才值得研究。但我知道，如果能好好研究常见的虫子，一样能发现很多有趣的事情。对我来说，迷宫蛛就是这样的一个例子。

我居住的地方有很多迷宫蛛，虽然很常见，但是我并不了解它们的习性。因为想了解它们的生活，我对它们进行了一番研究，研究之后，得到的成果让我非常满意。

7月的清晨，太阳还没有焦灼人的头颈时，接连几个星期，我几乎每天清晨都走去森林里看迷宫蛛。有时候，孩子们会加入到我的行动中。为了防止路上口渴，我们每人经常会随身携带着一个橘子。

我们沿着小路，向森林的深处走去。不一会儿，放眼望去，在离地面很高的地方，清新美丽的蛛网这儿一个那儿一个地散布在树木间。蛛网的蛛丝上悬挂着凌晨时分的露水，一颗颗晶莹剔透的露珠，像穿在蛛丝上的水晶一般，美丽极了。在明媚的阳光下，蛛网上的水晶散发出美丽的光芒，就算是和稀世珍宝的珠光宝气相比，也毫不逊色。这惊艳的一幕，将随行的孩子们震撼住了——他们惊讶地张着嘴巴，目瞪口呆地看着，握在手里的橘子差点儿滑落到地上。蜘蛛们织造的蛛网，散布在林间，像极了一个迷宫。在清晨时分，这座庞大的迷宫散发出了它最大的魅力，绝对能被称为奇观！

蛛网上点缀着的水晶在阳光的照射下，一点点儿蒸发、变小，半个小时之后，它们从蛛网上消失了。

绮丽的表演结束了，现在，我们可以全身心投入到蛛网的研究中去了。我们将蔷薇花丛上方的一张蛛网，作为研究对象。蛛网的纬线拉在花丛附近的矮树上，将蛛网的位置固

名师指津

作者有一种踏踏实实的工作态度，凡事从最基本的做起，并通过认真研究发展其中的新的乐趣和奥秘，这种对待科学的严谨态度是我们要向之学习的。

名师指津

通过描写孩子们的反应，来突出在阳光的照射下蛛网上露水的惊艳。露水落在蛛网上也说明了蛛网的精细，像极了迷宫。

名师释疑

毫不逊色：指一点儿没有不及之处。

名师指津

这里的水晶指的是露珠。作者将露珠比作晶莹剔透的水晶，表现了作者对大自然的热爱。

定好，绕着纬线，经线有序地画出一圈又一圈的圆圈，一个美丽的手帕大小的蛛网完工了。看上去，它轻盈得如同一层薄薄的软纱。

蛛网一圈一圈向中心凹去，从最外围的圆周向中心慢慢靠拢，蛛网由平坦的网状变成一根细细的管子。那根管子的长度大约有八九寸，从蛛网的中心伸到密集的树叶中间去了。

蜘蛛就坐在管子的进出口处。我们所站的位置正好在它的对面，但它对这一切熟视无睹，丝毫没有露出慌乱的神态。那是一只通体灰色的迷宫蛛，它的胸部佩戴着一条宽宽的黑色带子，装饰着它的腹部的是两条美丽的纤细带子，由白色斑点和褐色的斑点相间排列。在它身体的尾部，装备着双尾，这在普通的蜘蛛身上并不常见。

我想，管子的底部一定会有一个垫得软软的小房间，作为迷宫蛛空闲时候的休息室。但是，经过一番观察，我发现那里同我猜想的有着天壤之别，那里没有舒适的房间，只有一扇小小的门，那是它为自己准备的逃生通道。狩猎的时候，它将门大开着，一旦遇到危险，它可以直接逃回来。

蛛网的纬线攀附在树枝上，从下面看上去，像极了一艘抛锚的船。因为树枝距蛛网的距离不同，纬线的长度和角度也相应地各具特色：长的、短的，垂直的、倾斜的，紧绷的、松弛的，笔直的、弯曲的。在离地三尺以上的高度上，那些纬线杂乱地交错在一起。误撞到蛛网上的虫子们，除了一些力气强劲的虫子，没有一只可以从蛛网上逃出去。从这个角度来看，蛛网可以算得上是一个名副其实的迷宫。

和其他种类的蛛网不同，迷宫蛛的蛛网没有粘性。因此，它捕捉猎物靠的不是蛛丝的粘性，而是蛛网的迷乱。刚才，一只蝗虫停在蛛网上，由于蛛网摇曳不定，蝗虫找不到平衡点，一头栽进了蛛网里。落入陷阱的蝗虫徒劳地挣扎着，但它每挣扎一次，身上的束缚就变得越紧。渐渐地，蝗虫挣扎的力气越来越小。迷宫蛛知道，一旦落入它的陷阱，蝗虫肯定是无路可逃了。迷宫蛛静静地在管子的底部守望着，它在等待时机，一旦蝗虫落入蛛网的正中间，它的美食就来了。

果然，一切都在蜘蛛的意料之中。然后，它顺着管子爬上蛛网，慢慢地爬到蛛网的中间，扑倒猎物身上，开始享用美食。它摆出骄傲的姿态，慢慢地吸食蝗虫的血肉。至于那蝗虫，在蜘蛛咬它第一口时就死了——蜘蛛的毒液使它一命呜呼。对蝗虫来说，这反倒是一种解脱，瞬间死亡可比活活被咬死强多了。接下来，迷宫蛛就要慢悠悠地享受着它的美食。

产卵的时候快到了，迷宫蛛已经做好了搬家的准备。尽管它的网没有一点儿残破的痕迹，现在，它必须忍痛割爱，告别这张替它捕捉了很多美食的蛛网。并且，这告别是永久的，它再也不会回到这个地方了。接下来，它必须完成它的使命，一心一意去建筑巢穴。什么地方会受到它的青睐，成为它筑巢的地方呢？对迷宫蛛来说，它当然十分清楚；对我来说，却是一点头绪都没有。为了找到问题的答案，我在森林里耗费了整整一个早晨，将林中的各个角落搜寻一遍，希望能找到一些线索。真是有志者事竟成，最后，我找到了问题的答案。

在离蛛网很远的地方，我发现了它已经筑好的巢穴。那里堆着一堆杂乱交错的枯树枝，显得有点脏，就在这简陋的盖子下，有一个相对精巧洁白的丝囊，里面就是迷宫蛛的卵。

在我的想象中，迷宫蛛的巢穴应该是十分精致的。当我发现，眼前这个做工粗糙的巢穴才是迷宫蛛真实的巢穴时，我的失望可想而知。后来，我猜测，迷宫蛛的巢穴之所以做得粗糙，应该是因为环境太恶劣。在满是枯枝落叶的森林中，它去哪里能找一个环境优雅的地方，精工细作地建筑一个精致的巢穴呢？为了证实我的猜想，我带了六只快要产卵的迷宫蛛回家，将它们暂时安置在一个铁制的笼子里，随后动手为它们准备一个精致的新家。我将一些精细的沙子倒在盘子里，又在盘子的中间放上一根小小的百里香树枝，使每一个巢有攀附的地方，最后用铁笼子将盘子罩住。一切准备就绪，接下来，一切都看它们的啦！

事实证明，我的猜想是对的。7月底，迷宫蛛展示了它们高超的筑巢技术，六只做工精良的，洁白的丝囊静静地立在盘子里。现在，让我们好好地欣赏它们的作品吧。它们的巢，即丝囊，是由白丝组成的，呈卵形，大小同鸡蛋差不多。和它们的蛛网一样，丝囊的内部构造迷乱极了。也许，这就是它们不遵循章法的建筑思想。所以，它们建造出来的东西通通都是杂乱无章的。

这个白丝错杂的丝囊是一个名副其实的迷宫，担任着护卫的角色。丝囊是半透明的，透过层层的白丝，依稀可以看见一个卵囊立在丝囊里面。卵囊呈星状，同某一骑士等级的星状勋章很像。一般来说，每一个卵囊里大约有一百颗左右的卵，卵呈淡黄色。卵囊是一个很大的灰白色丝袋，周围筑着圆柱子，使它固定在巢穴的中央。这种圆柱都是中间细，两头粗，大约有十根，在卵囊的外围，形成了一道屏障。在屏障与卵囊之间，形成了一条走廊。母蜘蛛在走廊中徘徊着，走来走去，时时侧耳聆听着卵囊里的动静。它焦急地打转的神态，像极了等在产室外面的父亲——担心和喜悦让他们手足无措。

为了详细研究蜘蛛的巢穴，我将丝囊外围的白丝一层层扒开。不一会儿，呈现在我面前的是一堵泥墙，由小碎石粘在白丝上形成的。这些小碎石是怎么回事？下雨的时候被冲进去的吗？但是，丝囊通体洁白，看不出来一点点儿受潮的样子。小碎石肯定不是后来因为外力而闯进去的。直到后来，我才找到问题的答案：那些小碎石是母蜘蛛搬进去的。为了使自己的后代免受寄生虫的迫害，它在卵囊的外面筑上一堵泥墙，将寄生虫死死地拒之门外。

这丝墙里面还有一个丝囊那才是盛卵的囊。卵囊里的蜘蛛卵已经孵化成小蜘蛛了，透过围着卵囊的白丝，可以看见小蜘蛛正欢天喜地爬来爬去，享受着初生的喜悦。

现在，让我们将视线转移到母蜘蛛的身上。之前已经提到过，为了产卵，它远远地离开了那张给它送来了无数美食的蛛网。它为什么不在蛛网的附近找一个地方，就近筑巢呢？这是蜘蛛的聪明之处。它的蛛网立在空中，既是一个捕虫的利器，也是一个暴露自己位置的旗帜。寄生虫最善于替自己的后代找寻一个可以寄生的巢穴，迷宫蛛的蛛网高高悬在空中，肯定会引起它们的注意。为了让自己的后代有一个安全的成长环境，母蜘蛛们发挥了自己的聪明才智。在产卵期之前，它们在茫茫的夜色中不辞辛劳地四处勘探，寻找合适又安全的地方。至于那个地方美不美观，环境如何，倒是次要的考虑，

名师指津

把守护卵巢的母蜘蛛比喻为等待新生儿的父亲，十分的贴切，两者焦急的心情不谋而合。

名师指津

作者平易近人的语言风格好像在牵动着读者的思绪，使读者能跟随作者的指引，一起将注意力转移到母蜘蛛身上。

名师指津

一旦巢穴被寄生虫找到，巢穴里面的卵就永远丧失了存活的机会，母蜘蛛甚至也会死在寄生虫的魔爪之下。

它们最先考虑的是安全问题。森林里，对迷宫蛛来说，低矮的荆棘丛和矮小又纤细的迷迭香花丛是最理想的地方。荆棘丛不仅长着常年不会脱落叶子，还会将身边的枯枝落叶紧紧地抓住，是一个筑巢的好地方。在这些地方，我总是能发现迷宫蛛的巢穴。

很多蜘蛛只负责产卵，不负责护卫。它们总是产完卵就离开巢穴，永远不会再回来了。可是迷宫蛛和蟹蛛一样，会一直在巢穴里等着小蜘蛛孵化出来。不过和蟹蛛不同的是，他不会像蟹蛛那样绝食，以致日益消瘦下去，它会照常捕蝗虫吃。但是，在蜘蛛卵孵化的期间，它们不会张扬地在高处结一张优美的蛛网。而是用一团纷乱错杂的丝，结成一个箱状的捕虫器，继续补充营养。

除了捕食，迷宫蛛最常做的事情是在丝囊的走廊里来回踱步，在密切关注卵囊的同时，也留心着外界的风吹草动。如果我拿出一根稻草，轻轻戳一下它的巢穴，它就会风驰电掣地飞奔出来，察看敌情。

产完卵之后，迷宫蛛吃的食物依然和以前一样多，这说明还有工作等着它去完成。因为昆虫和人类不一样，有时候我们想要吃东西纯粹是因为想要解馋了，它们吃东西是为了有体力工作。

产卵是它们一生中最重要的工作。那么，产完卵之后，还有什么工作在等着它们呢？为了找出问题的答案，我继续严密观察着迷宫蛛的一举一动。后来，我发现产完卵之后，它们的工作是加固自己的巢穴。它们日复一日地吐丝，将自己的巢穴一层一层包裹起来。丝囊刚刚建成的时候是半透明的，一个月之后，它变得又厚又不透亮。这就是迷宫蛛像往常一样进食的原因。为了吐丝加固巢穴，它们不停地吃东西，让自己的丝腺能够产生足够的丝。

9月中旬的时候，小蜘蛛能从巢穴里爬出来了。不过，它们并没有马上离开巢穴。整个冬天，它们需要继续留在巢穴里。它们的妈妈为它们建造的宫殿十分温暖，是最佳的过冬胜地。母蜘蛛呢，一边看护着它的孩子，一边继续吐丝加固巢穴。不过，时间是最无情的杀手，之前身姿矫健的母蜘蛛显出了老态，不仅是动作越来越缓慢，胃口也越来越差了。有几次，我将蝗虫放到它的捕虫器里，它也无动于衷，动都不动一下。虽然这样，但它还能维持四五个星期的寿命，在它离开这个世界之前，它继续一步不离地守着这巢。在等待死亡降临的日子里，每一次听见丝囊里面的小蜘蛛爬动的声音，它都会露出满足的神态。

眨眼间，10月底了，它用仅剩的力气将丝囊咬开一个小口，为它的孩子留下一个出口。随后，它死去了，恋恋不舍地将自己的孩子托付给万能的造物主。

来年春天，小蜘蛛们一个接一个地从舒适的巢穴里爬出来了。随后，它们顺着游丝飘散，落到四面八方，各自生活去了。它们的母亲如果能看见这一幕，应该能安息了。

◀名师释疑▶
无动于衷：心里一点也不受感动；一点也不动心。指对令人感动或者应该关注的事情毫无反应或漠不关心。

名师指津
它尽到了一个母亲的责任，它是最慈爱的母亲之一。

名 师 赏 析

　　本文虽然是一篇介绍迷宫蛛如何织网，筑巢，守护卵巢的科普文章，但同样富有浓重的文学色彩。作者在文章开头并没有直接进入主题，而是先提及了两种较为罕见的蜘蛛种类。然而话锋一转，"但我知道，如果能好好研究常见的虫子，一样能发现很多有趣的事情。"前后造成反差，给人们留下深刻印象。

　　文学性不仅体现在结构上，还体现在字里行间的语言中。文章中在描写多处运用比喻，拟人等修辞手法，以及蕴含情感的文学性语言。尤其是在最后蜘蛛母亲与幼年蜘蛛生死离别的场景描写，"眨眼间，10月底了，它用仅剩的力气将丝囊咬开一个小口，为它的孩子留下一个出口。随后，它死去了，恋恋不舍地将自己的孩子托付给万能的造物主。"作者把埋性知识和感性情愫完美地结合在了一起，表达了他对于生命的敬畏与尊重。

▶▶学习借鉴 ✔

好词

束手无策　　坐享其成　　不劳而获　　纹丝不动

骄阳似火　　清新美丽　　晶莹剔透　　珠光宝气

目瞪口呆　　熟视无睹

好句

　　＊自投罗网的猎物一旦踏入禁地则会束手无策，蜘蛛需要做的只是坐享其成而已。

　　＊在明媚的阳光下，蛛网上的水晶散发出美丽的光芒，就算是和稀世珍宝的珠光宝气相比，也毫不逊色。

　　＊卵囊里的蜘蛛卵已经孵化成小蜘蛛了，透过围着卵囊的白丝，可以看见小蜘蛛正欢天喜地爬来爬去，享受着初生的喜悦。

 思考与练习

　　1.从产卵开始，蜘蛛母亲为了迎接小蜘蛛的诞生做了哪些准备？

　　2.熟读文章后，用自己的语言改写迷宫蛛捕虫的段落。

松毛虫

名师导读

　　松毛虫，就是常常让一些小朋友感到害怕，惊叫连连的"毛毛虫"。如果你看到又名"列队虫"的它们，一队队整齐划一，傻头傻脑地经过你身边时，也许会对它们产生别样的兴趣。除此以外，它们还有你意想不到的本领，阅读完本篇文章，也许你还会对它们刮目相看。

　　在我那个园子里，种着几棵松树。每年毛毛虫都会到这松树上来做巢，松叶都快被它们吃光了。为了保护我们的松树，每年冬天我不得不用长叉把它们的巢毁掉，搞得我疲惫不堪。

名师指津

作者运用俏皮的语言立即让我们对毛毛虫的生活产生了兴趣，引导读者看接下的内容。

　　你这贪吃的小毛虫，不是我不客气，是你太放肆了。如果我不赶走你，你就要喧宾夺主了。我将再也听不到满载着针叶的松树在风中低声谈话了。不过我突然对你产生了兴趣，所以，我要和你订一个合同，我要你把你一生的传奇故事告诉我，一年、两年，或者更多年，直到我知道你全部的故事为止。而我呢，在这期间不来打扰你，任凭你来占据我的松树。

　　订合同的结果是，不久我们就在离门不远的地方，拥有了三十多只松毛虫的巢。天天看着这一堆毛毛虫在眼前爬来爬去，使我不禁对松毛虫的故事更有了一种急切了解的欲望。这种松毛虫也叫作"列队虫"，因为它们总是一只跟着一只，排着队出去。

下面我开始讲它的故事：

第一，先要讲到它的卵。在8月的前半个月，如果我们去观察松树的枝端，一定可以看到在暗绿的松叶中，到处点缀着一个个白色的小圆柱。每一个小圆柱，就是一个松毛虫母亲所生的一簇卵。这种小圆柱好像小小的手电筒，大的约有一寸长，五分之一或六分之一寸宽，裹在一对对松针的根部。这小筒的外貌，有点像丝织品，白里略透一点红，小筒的上面叠着一层层鳞片，就跟屋顶上的瓦片似的。

这鳞片软得像天鹅绒，很细致地一层一层盖在筒上，做成一个屋顶，保护着筒里的卵。没有一滴露水能透过这层屋顶渗进去。这种柔软的绒毛是哪里来的呢？是松毛虫妈妈一点一点地铺上去的。它为了孩子牺牲了自己身上的一部分毛，并且用自己的毛给它的卵做了一件温暖的外套。

如果你用钳子把鳞片似的绒毛刮掉，那么你就可以看到盖在下面的卵了，好像一颗颗白色珐琅质的小珠。每一个圆柱里大约有三百颗卵，都属于同一个母亲。这可真是一个大家庭啊！它们排列得很好看，好像一颗玉蜀黍的穗。无论是谁，年老的或年幼的，有学问的还是没文化的，看到松蛾这美丽精巧的"穗"，都会禁不住喊道："真好看啊！"多么光荣而伟大的母亲啊！

最让我们感兴趣的东西，不是那美丽的珐琅质的小珠本身，而是那种有规则的几何图形的排列方法。一只小小的松毛虫知道这精妙的几何知识，这难道不是一件令人惊讶的事吗？

其实我们越和大自然接触，便越会相信大自然里的一切都是按照一定的规则安排的。比如，为什么一种花瓣的曲线有一定的规则？为什么甲虫的翅鞘上有着那么精美的花纹？从庞然大物到微乎其微的小生命，一切都安排得这样完美，这会是偶然的吗？似乎又不大可能。是谁在主宰这个世界呢？我想，冥冥之中一定有一位"美"的主宰者在有条不紊地安排着这个缤纷的世界。我只能这样解释了。

松蛾的卵在9月里孵化。在那时候，如果你把那小筒的鳞片稍稍掀起一些，就可以看到里面有许多黑色的小头。它们在咬着，推着它们的盖子，慢慢地爬到小筒上面，它们的身体是淡黄色的，黑色的脑袋有身体的两倍那么大。它们爬出来后，第一件事情就是吃支撑着自己的巢的那些针叶，把针叶啃完后，它们就落到附近的针叶上。常常可能会有三四个小虫恰巧落在一起，那么，它们会自然地排成一个小队。这便是未来的松毛虫的雏形。如果你去逗它们玩，它们会摇摆起头部和前半身，高兴地和你打招呼。

第二步工作就是在巢的附近做一个帐篷。这帐篷其实是一个用薄绸做成的小球，由几片叶子支持着。以便它们在一天最热的时候躲在帐里休息，到下午凉快的时候才出来觅食。

你看，松毛虫从卵里孵化出来还不到一个小时，却已经会做许多工作了：吃针叶、排队和搭帐篷，仿佛没出娘胎就已经学会了似的。

令人感到惊讶的是，二十四小时后，帐篷已经像一个榛仁那么大。两星期后，就有一个苹果那么大了。不过这毕竟是一个暂时的夏令营。冬天快到的时候，它们就要造一个更大更结实的帐篷。它们边造边吃着帐篷范围以内的针叶。也就是说，它们的帐篷同时解决了它们的吃住问题。这的确是一个一举两得的好办法。这样它们就可以不必特意到帐外去觅食。因为它们还很小，如果贸然跑到帐外，是很容易碰到危险的。

当它们把支撑帐篷的树叶都吃完了以后，帐篷就要塌了。于是，像那些择水草而居的阿拉伯人一样，全家会搬到一个新的地方去安居乐业。在松树的高处，它们又筑起了一个新的帐篷。它们就这样辗转迁徙着，有时候竟能到达松树的顶端。

用阿拉伯人迁徙的例子，说明松毛虫的奔波，通俗易懂。

也就是这时候，松毛虫改变了它们的服装。它们的背上面上了六个红色的小圆斑，小圆斑周围环绕着红色和绯红色的刚毛。红斑的中间又分布着金色的小斑。而身体两边和腹部的毛都是白色的。

到了11月，它们开始在松树的高处，木枝的顶端筑起冬季帐篷来。它们用丝织的网把附近的松叶都网起来。树叶和丝合成的建筑材料能增加巢的坚固性。全部完工的时候，这帐篷的大小相当于半加仑的容积，它的形状像一个蛋。巢的中央是一根乳白色的极粗的丝带，中间还夹杂着绿色的松叶。顶上有许多圆孔，是巢的门，毛毛虫们就从这里爬进爬出。在矗立在帐外的松叶的顶端有一个用丝线结成的网，下面是一个阳台。松毛虫常聚集在这儿晒太阳。它们晒太阳的时候，像叠罗汉似的堆成一堆，上面张着的丝线用来减弱太阳光的强度，使它们不至于被太阳晒得过热。

松毛虫的巢并不整洁，里面满是杂物的碎屑，毛虫们蜕下来的皮以及其他各种垃圾,真的可以称作是"<u>败絮其中</u>"。

松毛虫整夜歇在巢里,早晨十点左右出来,到阳台上集合,大家聚在一起,在太阳底下打盹,它们就这样消磨掉整个白天。时不时地摇摆着头以表示它们的快乐和舒适。到傍晚六七点钟这帮瞌睡虫都醒了,各自从门口回到自己家里。

它们一面走一面嘴上吐着丝。因此无论走到哪里,它们的巢总是愈变愈大,愈来愈坚固。除此,它们在吐着丝的时候还会把一些松叶掺杂进去加固。每天晚上总有两个小时左右的时间做这项工作。它们早已忘记夏天了,只知道冬天快要来了,所以每一条松毛虫都抱着愉快而紧张的心情工作着,它们似乎在说:"当松树在寒风里摇摆着它那带霜的枝丫时,我们将彼此拥抱着睡在这温暖的巢里!多么幸福啊!让我们满怀希望,为将来的幸福努力工作吧!"

不错,亲爱的毛毛虫们,我们人类也和你们一样,为了求得未来的平静和舒适而孜孜不倦地劳动。让我们怀着希望努力工作吧!你们为你们的冬眠而工作,它能使你们从幼虫变为蛾;我们为我们最后的安息而工作,它能消灭生命,同时创造出新的生命。让我们一起努力工作吧!

做完了一天的工作,就是它们的用餐时间了。它们都从巢里钻出来,爬到巢下面的针叶上去用餐。它们穿着红色的外衣,一堆堆地停在绿色的针叶上,树枝都被它们压得微微向下弯了。多么美妙的一副图画啊!这些食客们静静地安详地咬着松叶,它们那宽大的黑色的额头在我的灯笼下发着光,它们都要吃到深夜才肯罢休。回到巢里后还要继续工作一会儿。当最后一批松毛虫进巢的时候,大约已是深夜一二点钟了。

松毛虫所吃的松叶通常只有三种，如果拿其他的常绿树的叶子给它们吃，即使那些叶子的香味足以引起食欲，松毛虫也是宁可饿死也不愿尝一下的。

松毛虫们在松树上走来走去的时候，随路吐着丝，织着丝带，回去的时候就依照丝带所指引的路线。当然也有意外的时候，有时它们找不到自己的丝带而找了别的松毛虫的丝带，那样它就会走入一个陌生的巢里。但是没有关系，巢里的主人和这不速之客之间丝毫不会引起争执。大家似乎都习以为常，平静得跟什么事都没有发生一样。

到了睡觉的时候，大家也就像兄弟一般睡在一起了，谁都没有一点生疏的感觉。不论是主人还是客人，大家都依旧在限定的时间里工作，使它们的巢更大、更厚。由于这类意外的事情常有发生，所以有几个巢总能接纳"外来人员"为自己的巢添砖加瓦，它们的巢就显得比其他的巢大了不少。"人人为我，我为人人"是它们的信条，每一条毛毛虫都尽力地吐着丝，使巢增大增厚，不管那是自己的巢还是别人的巢。

事实上，正是因为这样才扩大了总体上的劳动成果。如果每个松毛虫都只筑自己的巢，宁死也不愿替别人筑巢，结果会怎样？我敢说，一定会一事无成，谁也造不了又大又厚的巢。因此它们一起工作，每一条小小的松毛虫，都尽了它自己应尽的一份力量，这样团结一致才造就了一个个属于大家的堡垒，一个又大又厚又暖和的大棉袋。每条松毛虫为自己工作的过程也是为其他松毛虫工作的过程，而其他松毛虫也相当于都在为它工作。多么幸福的松毛虫啊，它们不知道什么私有财产和一切争斗的根源。

名师指津

松毛虫的胃和人的胃有着相同的特点，只吸收和消化符合自己品味的食物。

名师释疑

不速之客：指没有邀请而自己来的客人。速，邀请。

名师指津

团结的松毛虫们齐心协力建造了又大又暖的巢，这一点非常值得我们学习。

85

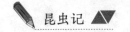

毛虫队

有一个老故事，说是有一只羊，被人从船上扔到了海里，于是其余的羊也跟着跳下海去。那个讲故事的人曾这样说："因为羊有一种天性，那就是它们永远要跟着头一只羊，不管走到哪里。就因为这，亚里士多德曾批评羊是世界上最愚蠢、最可笑的动物。"

松毛虫也具有这种天性，而且比羊还要强烈。第一只到什么地方去，其余的都会依次跟着去，排成一条整齐的队伍，中间不留一点空隙。它们总是排成单行，后一只的须触到前一只的尾。为首的那只，无论它怎样打转和歪歪斜斜地走，后面的都会照它的样子做，无一例外。

第一只毛毛虫一面走一面吐出一根丝，第二只毛毛虫踏着第一只松毛虫吐出的丝前进，同时自己也吐出一条丝加在第一条丝上，后面的毛毛虫都依次效仿，所以当队伍走完后，就有一条很宽的丝带在太阳下放着耀眼的光彩。这是一种很奢侈的筑路方法。我们人类筑路的时候，用碎石铺在路上，然后用极重的蒸汽滚筒将它们压平，又粗又硬但非常简便。而松毛虫，却用柔软的缎子来筑路，又软又滑但花费也大。

这样的奢侈有什么意义吗？它们为什么不能像别的虫子那样免掉这种豪华的设备，简朴地过一生呢？我替它们总结出两条理由：第一条理由，也是最基本的理由，这些丝线作为路标，指引它们回家。松毛虫出去觅食的时间是在晚上，而它们必须经过曲曲折折的道路。它们要从一根树枝爬到另一根树枝上，要从针叶尖上爬到细枝上，再从细枝爬到粗枝上。如果它们没有留下丝线作路标，那么它们很难找回自己的家。

有时候，在白天它们也要排着队作长距离的远征，可能经过三十码左右的长距离。它们这次可不是去找食物，而是去旅行，去看看世界，或者去找一个地方，作为它们将来<u>蛰伏</u>的场所。在这样长途旅行的时候，丝线这样的路标是不可缺少的。

在树上找食物的时候，它们或许是分散在各处，或许是集体活动，反正只要有丝线作路标，它们就可以整齐一致地回到巢里。要集合的时候，大家就依照着丝线的路径，从四面八方匆匆聚集到大队伍中来。所以这丝带不仅仅是一条路，而且是使一个大团体中各个分子行动一致的一条绳索。这便是第二个理由。

每一队总有一个领头的松毛虫，无论是长的队还是短的队。它为什么能做领袖则完全出自偶然，没有谁指定，也没有公众<u>选举</u>，今天你做，明天它做，没有一定的规则。毛虫队里发生的每一次变故都会导致次序的重新排列。比如说，如果队伍突然在行进过程中散乱了，那么重新排好队后，可能是另一只松毛虫成了领袖。

尽管每一位"领袖"都是暂时的、随机的，但一旦做了领袖，它就摆出领袖的样子，承担起一个领袖应尽的责任。当其余的松毛虫都紧紧地跟着队伍前进的时候，这位领袖趁队伍调整的间隙摇摆着自己的上身，好像在做什么运动，又好像在调整自己。毕竟，从平民到领袖，可是一个不小的飞跃，它

◀名师释疑◀

蛰伏：动物动物冬眠，潜伏洞穴，藏起来不吃不动。

选举：用投票或举手等表决方式选出代表或负责人。

名师指津

我们在平时的生活和学习中也要学习毛毛虫这种尽职尽责的精神，当我们能有幸在一个集体中担任一定的职务时，要尽到我们应尽的职责。

得明确自己的责任，不能和刚才一样，只需跟在别人后面就行了，当它自己前进的同时，它就不停地探头探脑地寻找路径。它真是在察看地势吗？它是不是要选一个最好的地方？还是它突然找不到引路的丝线，所以犯了疑？看着它那又黑又亮，活像一滴柏油似的小脑袋，我实在很难推测出它真的在想什么。

我只能根据它的一举一动，作一些简单的联想。我想它的这些动作是帮助它辨出哪些地方粗糙，哪些地方光滑，哪些地方有尘埃，哪些地方走不过去。当然，最主要的是辨出那条丝带朝着哪个方向延伸。松毛虫的队伍长短不一，相差悬殊。我所看到的最长的队伍有12码或13码，其中包含200多只松毛虫，排成极为精致的波纹形的曲线，浩浩荡荡的。最短的队伍一共只有2条松毛虫，它们仍然遵从原则，一个紧跟在另一只的后面。

有一次我决定要和我养在松树上的松毛虫开一次玩笑，我要用它们的丝替它们铺一条路，让它们依照我所想的路线走。既然它们只会<u>不假思索</u>地跟着别人走，那么如果我把这路线设计成一个既没有始点也没有终点的圆，它们会不会在这条路上不停地打转转呢？一个偶然的发现帮助我实现了这个计划。在我的院子里有几个栽棕树的大花盆，松毛虫们平时很喜欢爬到盆口的边沿，而那边沿恰好是一个现成的圆周。

有一天，我看到很大一群毛虫爬到花盆上，渐渐地来到它们最为得意的盆沿上。慢慢地，这一队毛虫陆陆续续到达了盆沿，在盆沿上前进着。我等待并期盼着队伍形成一个封闭的环，也就是说，等第一只毛虫绕过一圈而回到它出发的地方。

❀名师释疑❀
不假思索：用不着想，形容说话、做事迅速。假，凭借；依靠。

名师指津
从这里看出作者做事情非常有逻辑，思维非常缜密，这也是对待科学本该有的严谨态度。我们在做一件事情的时候也要安排好次序，一个步骤接一个步骤地做，养成良好的行为习惯。

一刻钟之后，这个目的达到了。现在有整整一圈的松毛虫在绕着盆沿走了。第二步工作是，必须把还要上来的松毛虫赶开，否则它们会提醒原来盆沿上的那虫走错了路线，从而扰乱实验。要使它们不走上盆沿，必须把从地上到花盆间的丝拿走。于是我就把还要继续上去的毛虫拨开，然后用刷子把丝线轻轻刷去，这相当于截断了它们的通道。这样下面的虫子再也上不去，上面的再也找不到回去的路。

这一切准备就绪后，我们就可以看到一幕有趣的景象在眼前展开了：一群毛虫在花盆沿上一圈一圈地转着，现在它们中间已经没有领袖了。因为这是一个封闭的圆周，不分起点和终点，谁都可以算领袖，谁又都不是领袖，可它们自己并不知道这一点。丝织和轨道越来越粗了，因为每条松毛虫都不断地把自己的丝加上去。除了这条圆周路之外，再也没有别的什么岔路子，看样子它们会这样无止境地一圈一圈绕着走，直到累死为止。

旧派的学者都喜欢引用这样一个故事："有一头驴子，它被安放在两捆干草中间，结果它竟然饿死了。因为它不能决定应该先吃哪一捆。"其实现实中的驴子不比别的动物愚蠢，它舍不得放弃任何一捆的时候，会把两捆一起吃掉。我的毛虫会不会表现得聪明一点呢？它们会离开这封闭的路线吗？我想它们一定会的。我安慰自己说："这队伍可能会继续走一段时间，一个小时或两个小时吧。然后，到某个时刻，毛毛虫自己就会发现这个错误，离开那个可怕的骗人的圈子，找到一条下来的路。"

而事实上，我那乐观的设想错了，我太高估了我的毛毛

由驴子的事情联想到眼前的松毛虫，连续两个问句体现了作者对松毛虫的期待。和下文作者的期待落空后的失望心情形成对比。

虫们了。如果说这些毛虫会不顾饥饿，不顾自己一直回不到巢，只要没有东西阻挠它们，它们就会一直在那儿打圈子，那么它们就蠢得令人难以置信了。然而，事实上，它们的确有这么蠢。

松毛虫们继续着它们的行进，接连走了好几个小时。到了黄昏时分，队伍就走走停停，它们走累了。当天气逐渐转冷时，它们也逐渐放慢了行进的速度。到了晚上10点钟左右，它们继续在走，但脚步明显慢了下来，好像只是懒洋洋地摇摆着身体。进餐的时候到了，别的毛虫都成群结队地走出来吃松叶。可是花盆上的虫子们还在坚持不懈地走。它们一定以为马上可以到目的地和同伴们一起进晚餐了。

走了10个小时，它们一定又累又饿，食欲极好。一棵松树离它们不过几寸远，它们只要从花盆上下来，就可以到达松树，美美地吃上一顿松叶了。但这些可怜的家伙已经成了自己吐的丝的奴隶了，它们实在离不开它，它们一定像看到了海市蜃楼一样，总以为马上可以到达目的地，而事实上还远着呢！10点半的时候，我终于没有耐心了，离开它们去睡觉。我想在晚上的时候它们可能清醒些。可是第二天早晨，等我再去看它们的时候，它们还是像昨天那样排着队，但队伍是停着的。晚上太冷了，它们都蜷起身子取暖，停止了前进。等空气渐渐暖和起来后，它们恢复了知觉，又开始在那儿兜圈子了。

第三天，一切还都像第二天一样。这天夜里非常冷，可怜的毛虫又受了一夜的苦。我发现它们在花盆沿分成两堆，谁也不想再排队。它们彼此紧紧地挨在一起，为的是可以暖和些。现在它们分成了两队，按理说每队该有一个自己的领

名师指津

采用具体的数字以及具体时间的流逝来反映松毛虫的坚持，让我们了解了松毛虫的这个行为特点。

名师指津

这里反映了作者等待的焦急，还夹杂着对松毛虫愚蠢，不知变通的失望和些许的气愤。

袖了，可以不必跟着别人走，各自开辟一条生路了。我真为它们感到高兴。看到它们那又黑又大的脑袋迷茫地向左右试探的样子，我想，不久以后，它们就可以摆脱这个可怕的圈子了。可是我发现自己又错了。当这两支分开的队伍相逢的时候，又合成一个封闭的圆圈，于是它们又开始整天兜圈子，丝毫没有意识到错过了一个绝佳的逃生机会。

后来的一个晚上还是很冷。这些松毛虫又都挤成了一堆，有许多毛虫被挤到丝织轨道的两边，第二天一觉醒来，发现自己在轨道外面，就跟着轨道外的一个领袖走，这个领袖正在往花盆里面爬。这队离开轨道的冒险家一共有 7 位，而其余的毛虫并没有注意它们，仍然在兜圈子。到达花盆里的毛虫发现那里并没有食物，于是只好<u>垂头丧气</u>地依照丝线指示的原路回到了队伍里，冒险失败了。如果当初选择的冒险道路是朝着花盆外面而不是里面的话，情形就<u>截然不同</u>了。

一天又过去了，这以后又过了一天，第六天是很暖和的。我发现有几个勇敢的领袖，它们热得实在受不住了，于是用后脚站在花盆最外的边沿上，做着要向空中跳出去的姿势。最后，其中的一只决定冒一次险，它从花盆沿上溜下来，可是还没到一半，它的勇气便消失了，又回到花盆上，和同胞们同甘共苦。

这时盆沿上的毛虫队已不再是一个完整的圆圈，而是在某处断开了。也正是因为有了一个唯一的领袖，才有了一条新的出路。两天以后，也就是这个实验的第八天，由于新道路的开辟，它们已开始从盆沿上往下爬，到日落的时候，最后一只松毛虫也回到了盆脚下的巢里。

◥◣名师释疑◢◤

垂头丧气：形容情绪低落、失望懊丧的样子。

截然不同：形容两件事物毫无共同之处。截然，很分明地、断然分开的样子。

名师指津

从这里也可以看出松毛虫不知变通，执着于保持队形的天性，让读者也为它们的行为而焦急。

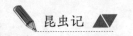

我计算了一下，它们一共走了 48 个小时。绕着圆圈走过的路程在 250 米以上。只有在晚上寒冷的时候，队伍才没有了秩序，使它们离开轨道，几乎安全到达家里。可怜无知的松毛虫啊！有人总喜欢说动物是有理解力的，可是在它们身上，我实在看不出这个优点。不过，它们最终还是回到了家，而没有活活饿死在花盆沿上，说明它们还是有点头脑的。

松毛虫能预测气候

在正月里，松毛虫会蜕第二次皮。它不再像以前那么美丽了，不过有失也有得，它添了一种很有用的器官。现在它背部中央的毛变成暗淡的红色了，由于中央还夹杂着白色的长毛，所以看上去颜色更淡了。这件褪了色的衣服有一个特点，那就是在背上有八条裂缝，像口子一般，可以随毛虫的意图自由开闭。

当这种裂缝开着的时候，我们可以看到每只口子里有一个小小的"瘤"。这玩意儿非常的灵敏，稍稍有一些动静它就消失了。然而，这些特别的口子和"瘤"有什么用处呢？当然不是用来呼吸的，因为没有一种动物——即便是一条松毛虫，也不会从背上呼吸的。那让我们来想想松毛虫的习性，或许我们可以发现这些器官的作用。

冬天和晚上的时候，是松毛虫们最活跃的时候，但是如果北风刮得太猛烈的话，天气冷得太厉害，而且会下雨下雪或是雾厚得结成了冰屑的时候，在这样的天气里，松毛虫总会谨慎地待在家里，躲在那雨水不能穿透的帐篷下面。

松毛虫们最怕坏天气，一滴雨就能使它们发抖，一片雪花就能惹起它们的怒火。如果能预先料到这种坏天气。那么对松毛虫的日常生活是非常有意义的。在黑夜里，这样一支庞大的队伍到相当远的地方去觅食，如果遇到坏天气，那实在是一件危险的事。如果突然遭到风雨的袭击，那么松毛虫就要遭殃了，而这样的不幸在坏的季节里是常常会发生的。可松毛虫们自有办法。让我来告诉你它们是怎样预测天气的吧。

有一天，我的几个朋友，和我一起到院子里看毛虫队的夜游。我们等到九点钟，就进入到院子里。可是……可是……这是怎么了？巢外一只毛虫都没有！就在昨天晚上和前天晚上还有许多毛虫出来呢，今天怎么会一只都没有了？它们都上哪儿去了？是集体出游吗？还是遇到了灭顶之灾？我们等到十点、十一点，一直到半夜。失望之余，我只得送我的朋友走了。

第二天，我发现那天晚上竟然下了雨，直到早晨还继续下着，而且山上还有积雪。我脑子里突然闪过一个念头，是不是毛虫对天气的变化比我们谁都灵敏呢？它们昨晚没有出来，是不是因为早已预料到天气要变坏，所以不愿意出来冒险？一定是这样的！我为自己的想法暗暗喝彩，不过我想我还得仔细观察它们。

我发现每当报纸上预告气压来临的时候，比如说暴风雨将要来临的时候，我的松毛虫总躲在巢里。虽然它们的巢暴露在坏天气中，可风啊、雨啊、雪啊、寒冷啊，都不能影响它们。有时候它们还能预报雨天以后的风暴，它们这种推测

名师指津

连用四个疑问句，表明作者对毛毛虫下落的好奇，引发读者的共鸣。

名师指津

一连串的猜想，一步步接近真相，为下文的叙述做铺垫。

93

天气的天赋，不久就得到我们全家的承认和信任。每当我们要进城去买东西的时候，前一天晚上总要先去征求一下松毛虫们的意见，我们第二天去还是不去，完全取决于这个晚上松毛虫的举动，它成了我们家的"小小气象预报员"。

所以，想到它的小孔，我推测松毛虫的第二套服装似乎给了它一个预测天气的本领，这种本领很可能是与那些能自由开闭的口子息息相关。

松　蛾

3月到来的时候，松毛虫们纷纷离开巢所在的那棵松树，作最后一次旅行。2月20日那天，我花了整整一个早晨，观察了一队100多只毛虫组成的毛虫队。它们衣服的颜色已经很淡了。队伍很艰难地徐徐地前进着，爬过高低不平的地面后，就分成了两队，成为两支互不相关的队伍，各分东西。

它们有极为重要的事情要做。队伍行进了2小时到达一个墙角下，那里的泥土又松又软，极容易钻洞。为首的那条松毛虫一面探测，一面稍稍地挖一下泥土，似乎在测定泥土的性质。其余的松毛虫对领袖百分之百的服从，因此只是盲目地跟从着它，全盘接受领袖的一切决定，也不管自己喜欢不喜欢。最后，领头的松毛虫终于找到了一处它自己挺喜欢的地方，于是停下脚步。

接着其余的松毛虫都走出队伍，成为乱哄哄的一群虫子，仿佛接到了"自由活动"的命令，再也不要规规矩矩地排队了。

名师指津

它们时时张开，取一些空气作为样品，放到里面检验一番，如果从这空气里测出将有暴风雨来临，便立刻发出警告。

名师指津

从这一点可以看出，松毛虫的团队是一个非常有纪律的队伍。

所有的虫子的背部都杂乱地摇摆着，所有的脚都不停地扒着，所有的嘴巴都挖着泥土，渐渐地，它们终于挖出了安葬自己的洞。到某个时候，打过地道的泥土裂开了，就把它们埋在里面。于是一切都又恢复平静了。现在，毛虫们葬在离地面3寸的地方，准备着织它们的茧子。

两星期后，我往地面下挖土，又找到了它们。它们被包在小小的白色丝袋里，丝袋外面还沾染着泥土。有时候，由于泥土土质的关系，它们甚至能把自己埋到9寸以下的深处。

可是那翅膀脆弱而触须柔软的蛾子，是怎么从地下上来，到达地面的呢？它一直要到七八月才出来。那时候，由于风吹雨打，日晒雨淋，泥土早已变得很硬了。没有一只蛾子能够冲出那坚硬的泥土，除非它有特殊的工具，并且它的身体形状必须很简单。我弄了一些茧子放到实验室的试管里，以便看得更仔细些。我发现松蛾在钻出茧子的时候，有一个蓄势待发的姿势，就像短跑运动员起跑前的下蹲姿势一样。它们把它美丽的衣服卷成一捆，自己缩成一个圆底的圆柱形，它的翅膀紧贴在脚前，像一条围巾一般，它的触须还没有张开，于是把它们弯向后方，紧贴在身体的两旁。它身上的毛发向后躺平，只有腿是可以自由活动的，为的是可以帮助身体钻出泥土。

虽然有了这些准备，但对于挖洞来说，还远远不够，但它们还有更厉害的法宝呢！如果你用指尖在它头上摸一下，你就会发现有几道很深的皱纹。我把它放在放大镜下，发现那是很硬的鳞片。在额头中部顶上的鳞片是所有鳞片中最硬的。这多像一个回旋钻的钻头呀。

名师指津

运用了多处比喻，生动、详细地介绍了松蛾出茧的情形。

在我的试管里，我看到蛾子用头轻轻地这边撞撞，那边碰碰，想把沙块钻穿。到第二天，它们就能钻出一条10寸长的隧道通到地面上来了。

最后，蛾子终于到达了泥土外面，只见它缓缓地展开它的翅膀，伸展它的触须，蓬松一下它的毛发。现在它已完全打扮好了，完全是一只漂亮成熟又自由自在的蛾子了。尽管它不是所有蛾子中最美丽的一种，但它的确已经够漂亮了。你看，它的前翅是灰色的，上面嵌着几条棕色的曲线，后翅是白色的，腹部盖着淡红色的绒毛。颈部围着小小的鳞片，又因为这些鳞片挤得很紧密，所以看上去就像是一整片，非常像一套华丽的盔甲。

名师指津

关于这鳞片，还有些极为有趣的事情。如果我们用针尖去刺激这些鳞片，无论我们的动作多么轻微，立刻会有无数的鳞片飞扬起来。

名师赏析

本文详细全面地为我们介绍了松毛虫的生活习性和自身特点，语言生动形象，准确真实，而又富有哲理性，蕴藏了作者对于昆虫的喜爱之情和对生活的热忱。作者根据松毛虫的特点，把文章分为三个部分，清晰明了地把我们平日忽略的现象呈现在行文之中，使我们对松毛虫有了全新的认识。

字里行间，多处运用比喻，拟人等修辞方法，例如，在描写松毛虫饮食时，写道："即使那些叶子的香味足以引起食欲，松毛虫也是宁可饿死也不愿尝一下的。"除此，最为精彩的描写还属开头作者与松毛虫人物式的交谈"你这贪吃的小毛虫，不是我不客气，是你太放肆了。

如果我不赶走你，你就要喧宾夺主了。我将再也听不到满载着针叶的松树在风中低声谈话了……"，语言风趣幽默，让人眼前一亮，因而对松毛虫产生了浓厚的兴趣。

学习借鉴

好词

疲惫不堪　美丽精巧　微乎其微　一举两得

败絮其中　孜孜不倦　不速之客　添砖加瓦

好句

＊最让我们感兴趣的东西，不是那美丽的珐琅质的小珠本身，而是那种有规则的几何图形的排列方法。

＊我想，冥冥之中一定有一位"美"的主宰者在有条不紊地安排着这个缤纷的世界。

＊不错，亲爱的毛毛虫们，我们人类也和你们一样，为了求得未来的平静和舒适而孜孜不倦地劳动。

思考与练习

1.松毛虫为什么又被称为"列队虫"？说说它们行走的特点？

2.松毛虫是如何为自己的幼虫取暖的？读完后，写写自己的感受。

螳　螂

━━━━━◆ 名师导读 ◆━━━━━

　　在"螳螂捕蝉黄雀在后"的俗语中，螳螂给我们留下了目光短浅，愚钝无能的刻板印象。然而，螳螂捕虫的能力和凶狠程度却超乎我们的想象。神奇的是，它的筑巢本领和聪明才智同样令我们难以置信。螳螂真是一个让人又爱又恨的家伙啊！

螳螂捕食

名师释疑

钹：打击乐器，是两个圆铜片，中间突起形成半球形，正中有孔，可以穿绸条或布片，两片合起来拍打发声。古称铜钹、铜盘，民间称镲。

　　螳螂这类昆虫和蝉一样令人感兴趣，可是它的名声不及蝉，因为它不能唱歌。假如上帝赐予它一副响钹，再加上自己独特的身材和习性，它肯定会让那有名歌唱家的声望变得暗淡无光。它的学名是"修女袍"，我们这里的人，则将它称为"祷上帝"。

　　即使表达不同，科学的术语和朴素的俗语的内涵是相互吻合的：前者把这奇怪的生物看成陷落于神秘信仰的苦修女，后者把它视为传达神谕的女预言家。种田的人实际上对利用动物寄予美好愿望的事乐此不疲，他们在了解很多外表材料的基础之上，利用丰富的想象力大加补充。农夫们在炎炎烈日的草坪上，看见一只仪态万方的昆虫正庄严地挺着身子，两只如臂的前爪子伸向天空，宽阔的绿色薄翼，仿佛拖拉到地上的长裙一样，摆出一副祈祷的架势。在无知识的农夫看来，它好像祈祷的修女。于是从古时候开始，就有了在荆棘丛中居住的传达神谕的女预言家和向上帝祷告的修女。

噢，孩子般天真幼稚的善良的人们，犯了多么大的错误呀！昆虫那种貌似真诚的态度是骗人的，那静静地祈祷的神态举止，实际掩藏着残酷的习性。高高举起，类似祈祷的手臂，实际上是用来劫掠的可怕工具，用来捕杀经过它身旁的任何东西。令人们意想不到的是，这种虫类居然是直翅目食草昆虫中的一个例外：它只靠捕杀活的食物为生。除此以外，它力大无穷，嗜肉成性，加上那可怕的捕猎器，不言而喻，将会成为田野中的一大霸王。所谓的"向上帝祷告"，却变成了凶神恶煞般的杀生凶手。

假如抛开那致命的捕猎工具不谈，螳螂真的没有什么使人担惊受怕的地方，相反，看上去相当美丽。你瞧，那纤细的身材，那雅致的短上衣，那淡绿的体色，还有那修长的薄翼。它没有张开如剪刀般凶残的大颚，却长着一副又细又尖的小嘴巴，看起来就好像是专门用来啄食的。脖子由胸廓里伸出来，能够随便弯曲，所以脑袋可以灵活自由转动。

昆虫之中，只有螳螂可以调动目光，可以观察，会端详，它甚至还能做出各种各样的面部表情。从整体来看完全一副

名师指津

直翅目食草昆虫食用人类栽培的作物，因此多被看作害虫。直翅目食草昆虫里有些种类可被养作宠物，如蝈蝈儿。

安详状，却配上了向来有杀人之称的前爪，二者形成鲜明的反差。髋部非同一般的长而且有劲儿，是用来向前伸出狼夹子的。这个狼夹子，并非干巴巴地坐着等待送死鬼自己践踏上来，而是主动去捕捉猎物。捕猎器经过稍微的装扮，显得格外好看。髋部根基的内侧，饰有一个漂亮的黑圆点，圆点中央有一个白色的眼斑，圆点四周有几排微粒珍珠作为陪衬。

不仅如此，它的大腿比较长，好像扁平梭子，它的前半段下边长有两排锋利的齿刺。靠近内侧的一行，长短不一地排列着 12 颗牙齿，当中长齿是黑色的，短齿是绿色的。长短不一的排列方式，增添了咬合点，使武器更加锋利。靠近外侧的一排齿刺，结构则简单得多，只有 4 颗齿刺，2 行齿刺末端，还有 3 颗最长的齿刺。

总之，大腿是带两排平行齿的钢条，两排齿之间隔着一道细槽沟。大腿向前，回折小腿，能够折合进大腿的细槽沟里，这样很安全，不至于伤到自己。小腿长在和大腿相连的关节处，屈伸很灵活。它也是双排齿的钢锯，锯齿比大腿的短，可是比大腿的数量更多，排列得更加细密。小腿末端是一个很粗的钩子，它的尖锐可以和最好的钢针相媲美。钩子的下侧有一个小细槽，细槽两边分别有一条利刃，好像一把弯刀，又好像一把截枝刀。

对于这种性能很好的钩子，我有许多难忘却不堪回首的记忆。我一想起它，就不自觉地产生一种针扎似的刺痛感。捕捉螳螂的时候，不知道被抓在手里的坏家伙钩住过多少次。两手腾不出来，只能求助于其他人，费了好大力气才从顽固的俘虏手下挣脱出来！谁要是不拔出扎入皮肉的硬钩后就硬

名师指津

螳螂能称为捕虫能手，全在于它腿上的锯齿和钩子，其锋利程度足以把其他猎物据为己有。

拽开，他肯定会如同挨了玫瑰花刺扎了一般，使得两手到处是伤疤。没有比螳螂更难对付的虫子了，这个家伙拿截枝刀尖挠你，用针尖刺你，用钳子夹你。你几乎没有办法对它还手，你一心想的是要把它抓住并且让它活着，而手指却无法用力。因为稍微一用力，决斗就会伴随着螳螂被捏碎而立刻宣布结束。

螳螂歇息时，将捕猎器折起来，举于胸部，看起来一副不伤害别人的样子。我们这个时候看见的，就是所说的"祷告"。一旦猎物经过这儿，突然间，祈祷的架势不见了。而是立刻展开它身体的 3 节，并把末端的钩子伸到最远处。只见那只钩子朝猎物一钩，可怜的猎物还未反应过来，就被夹在了两把钢锯之间。然后螳螂做一个大小臂合拢动作，老虎钳夹紧猎物，一切战斗就结束了。

蝗虫也罢，螽斯也好，甚至是其他劲头更厉害的小动物，都无法逃脱 4 行尖齿的宰割。不管猎物怎样地使劲挣扎，那使人害怕的兵器都绝不会放开，不愧被称为了不起的杀虫机器。

在昆虫不受拘束的田野里，详尽地观察，研究螳螂的习性，几乎是不可能的。因此，我们一定得采取在家里饲养的方法，对螳螂进行观察，分析和研究。这件事情做起来很容易，因为螳螂对自己被囚禁在钟状笼子里并不介意，只要每天拥有新鲜充足的食物，它对自己离开荆棘丛就不再感到遗憾，安心地成为我观察的对象。

我为我的囚徒们预备了 10 只笼子，全都是用金属网制作的宽阔的钟状笼，和餐桌上避免苍蝇接触饭菜的网罩一样。笼子放在装满沙土的瓦罐子上。笼子中搁一束干的<u>百里香</u>，一个石头，这以后可以为产卵服务，这就是起居室的全部家当了。囚徒们被放在笼子中，有的是单独关押，有的是集体关押。这一座座小房子，摆放在动物实验室的大桌子上，白天大多数的时间，太阳都能照到那儿。

8月下旬，我才开始在道路两旁枯萎的干草丛中和荆棘丛里，看到成年的螳螂。在野外，肚子已经很大的雌螳螂，日益俱增。但是相对它们那又瘦又小的伴侣却越来越少，使得我有时要花费很大的力气为笼中的雌性螳螂寻找配偶。之所以还要找配偶，是因为笼内时常发生雄性小个子被吞吃的惨剧。那悲剧的一幕等一下再说，此刻还是先说说雌螳螂吧。

饲养雌螳螂并非易事，它们不仅吃得很多，而且喂养时间又长达数月之久。我几乎每天都更换食物，可是其中大多数，都只被它们不屑地尝上一两口，就被弃之不食了。我敢保证，若它们在荆棘丛里生活，肯定很注意节俭，因为猎物并不充足，它们会最大程度地利用已经到手的猎物。但是在我的笼子中，它们却那样大手大脚，一份鲜美的食物，时常是吃几口就再也不闻不问了，即使可以吃的部分还有很多，也不再接着吃了。按我看，螳螂也许是在以这种方式掩盖身陷囚笼的烦恼吧。

为了对付这奢侈浪费的用餐行为，我必须得请其他人来帮忙才行。从邻居家找来两三个没有事可干的小孩儿，让他们每天早上和晚上跑到四周的草丛中，将几片面包或者甜瓜块放进芦苇秸编成的小笼子里。就这样，每一次回来，笼子内都装着蹦来蹦去的蝗虫和螽斯。而我自己，则是手拿捕虫网，每天在围墙周围转来转去，一心只想为我的食客们弄点儿鲜美的野味。

这些美味食物的作用，是帮我了解螳螂的勇气和力量到底有多大。这种美味中包括灰蝗虫、白面螽斯、蚱蜢和无翅螽斯。它们可不是随随便便的食物，个个都有自己的威武之处，当然这也是我选择它们的原因。灰蝗虫的个子要比吃它的螳螂还要大；白面螽斯具有强劲有力的大颚，连手指头都要小心一点儿；蚱蜢怪模怪样的，梳着好像金字塔似的主教帽发型；无翅螽斯能使那钹发出嘎嘎的响声，大大的肚子末端还长着一把大刀。

除了这很难下嘴的野味套餐以外，再添上两道使人害怕的野味：第一道是丝光蛛，它那彩花边装饰得像圆盘一样的大肚子和一枚 20 索的硬币一般大；第二道是王冠蛛，它那外形凶狠，鼓着大肚子的样子，叫人望而生畏。

在荆棘丛里的螳螂，会向类似这样的猎物发动猛烈攻击。这一点毫无疑问，因为我看见，就算在笼内，不管什么猎物出现在它的身边，它们都拼命地冲上前去。住在金属网罩中，螳螂欢乐地享用着我奉上的美味，要是潜藏在荆棘丛里，它逮捕的应该就是偶然的"路过者"了吧。我们知道，各种充满危险的大规模捕猎活动，在笼子里是不会心血来潮做出来的。而螳螂在笼中捕食的行为，我们只能当作是出于它们习以为常的天性。总而言之，笼子内出现这种捕猎场景好像并不多见，因为这种机会很少，而这可能恰恰是螳螂的一大遗憾。

被螳螂抓到的猎物，往往是各种各样的蝗虫，还有蝴蝶、蜻蜓、大苍蝇、蜜蜂，以及其他体形中等的虫子。在笼子里的猎手，一直没有在任何猎物跟前退缩过，不论什么灰蝗虫还是白面螽斯，也不论什么丝光蛛还是王冠蛛，早晚都会被它们逮住，在它那钢锯之间无法动弹，最后被美滋滋地嚼烂。

❧名师释疑❧

望而生畏：意思是看见了就害怕。

心血来潮：形容突然产生某种念头。

这情景值得具体描述一番。

铁丝网壁上的大蝗虫，正傻乎乎地朝螳螂逼近，只见螳螂忽然痉挛似的一颤，摆出一副可怕的姿势。转变这么迅速，姿势摆得如此吓人，假如是没有经验的观察者，会立刻迟疑起来，缩回双手，害怕发生意想不到的事故。甚至连我这种对此事习以为常的老手，假如漫不经心，也难免被吓一跳。正如你跟前突然跳出一个怪物，一个由小盒子中忽然弹出的小魔怪一般。

然后，它的膜翅随即张开了，沿着身体两边斜拖下来，膜翅下边的双翼，支成两张展开的并列船帆，像极了在脊背上竖起一簇阔大的鸡冠盔饰。这时腹端上蜷成曲棍状，先往上翘起来，又朝下放下，并且随着一阵突然的颤动而渐渐地放松下来。此时此刻，能够听见一种好像撒气般的"呼呼呼呼"的声音，极像公火鸡展屏的时候发出的那种声音。如果只听声音，大家会认为是碰上突然受惊吓的游蛇，正不停地喷着气儿。

而此时螳螂身体高傲地站着，上身儿的衣服呈垂直状态。两只劫持爪，刚开始是收缩着并列放在胸前，此刻却左右分开，呈十字形甩出。就在这会儿，腋窝露了出来，那儿装点着成排的珍珠，还有一个中央带白斑的黑圆点。这模仿了孔雀尾羽最末端斑饰的眼形斑点上，又装点着纤细的象牙质般的凸纹。

螳螂以这种怪姿势待在那儿一动也不动，眼睛死死地盯着大蝗虫，脑袋随着对方的转动而稍稍转动。摆开这副阵势，目的是显而易见的，就是要威胁强壮有力的猎物，将它吓得瘫在那儿。不然的话，即使对手没有被吓破了胆儿，也将会面临更大的麻烦。

螳螂藏在白面螽斯那光亮的脑袋下边，或者躲开蝗虫那张脸的正面，隐蔽在它的脸后面。这个时候，从它们毫无表情的面孔上，确实瞧不出有什么惊恐的神情。但是这只受到威胁的蝗虫一定知道危险的存在。它看到眼前挺起一个怪物，两只大钩子高高地举起，眼看就要扑下来了。但是，尽管还有行动时间，它明明知道死亡就在面前，却没有逃之夭夭。它大腿很有力，是跳高、跳远名将，跑到利爪很远的地方去，原本是一件很简单的事情。没有想到生命攸关的时候，它仍然傻傻地待在原地，甚至还慢慢地靠近对方。

　　听说，小鸟看到蛇张开巨嘴会吓得晕过去，被这爬行动物凶狠的目光吓得不敢动弹，就会任凭对方走上前来狠狠地咬住自己，自己却根本不能再蹦跳。不止一次，我看见蝗虫的表现简直和小鸟没有什么区别。你看，那只蝗虫已经落入对方具有威慑力的气场之中。只见两只大铁钩甩下来，抓住对方，双齿刃锯条立刻合拢，夹得紧紧的。可怜的蝗虫在那儿白费力气地挣扎：咬不着大颚，后腿胡乱踢蹬着。这个时候，螳螂收回双翼，收起战旗，接着，恢复原态，开始享用美食。

　　蚱蜢和无翅螽斯，比起灰蝗虫和白面螽斯来要容易抓获一些，所以抓获这些危险系数比较低的野味，用不着摆什么姿势，也用不了太多的时间。基本上，只要伸出两只钩子就行了。用相同的方法抓获蜘蛛也很轻松，只须拦腰抓住对方，用不着害怕有什么毒钩。随便放在笼子内的小蝗虫，是不放在眼里的。和它们交往，螳螂很少采用蛮横粗鲁的方法，一定要等傻乎乎的小家伙闯入它的势力范围，然后悄无声息地把它捕获。

◥名师释疑◤
生命攸关：指生死存亡的关键。

名师指津
用和读者对话的这种形式，紧紧地抓住读者的思绪，让读者跟随作者的介绍，产生了一种身临其境的表达效果。

名师指津
用具体实例说明了螳螂是怎么不把小蝗虫放在眼里的，使读者读来更具趣味性。

螳螂摆出令人诧异的姿势，使得那只本来什么也不怕的小蝗虫，此时此刻也充满了恐惧感。我敢肯定，你从来也没有见到过螳螂表现出来的这种奇怪的面相。螳螂把它的翅膀极度地张开，它的翅竖了起来，并且直立得就好像船帆一样。翅膀竖在它的后背上，螳螂将身体的上端弯曲起来，样子很像一根弯曲着手柄的拐杖，并且不时地上下起落着。

不光是动作奇特，与此同时，它还会发出一种声音。那声音特别像毒蛇喷吐气息时发出的声响。螳螂把自己的整个身体全都放置在后足的上面。显然，它已经摆出了一副时刻迎接挑战的姿态。因为，螳螂已经把身体的前半部完全竖起来了，那对随时准备东挡西杀的前臂也早已张了开来，露出了那种黑白相间的斑点。这样一种姿势，谁能说不是随时备战的姿势呢？

螳螂在做出这种令谁都惊奇的姿势之后，一动不动，眼睛瞄准它的敌人，死死盯住它的俘虏，准备随时上阵，迎接激烈的战斗。哪怕那只蝗虫轻轻地、稍微移动一点位置，螳螂都会马上转动一下它的头，目光始终不离开蝗虫。螳螂这种死死的盯人战术，其目的很明显，主要就是利用对方的惧怕心理，再继续把更大的惊恐注入对手的心灵深处，造成"火上加油"的效果，给对手施加更大的压力。因此，螳螂现在需要虚张声势一番，假装什么凶猛的怪物的架势，利用心理战术，和面前的敌人进行周旋，螳螂真是个心理专家啊！

看起来，螳螂这个精心安排设计的作战计划是完全成功的。那个开始天不怕地不怕的小蝗虫果然中了螳螂的妙计，真的是把它当成什么凶猛的怪物了。当蝗虫看到螳螂这副奇

名师指津

聪明的螳螂希望在战斗未打响之前，就能让面前的敌人因恐惧心理而陷于不利地位，达到使其不战自败的目的。

名师释疑

虚张声势：假装出强大的气势。

怪的样子以后，当时就有些吓呆了，紧紧地注视着面前的这个怪里怪气的家伙，一动也不动，在没有弄清来者之前，它是不敢轻易地向对方发起什么进攻的。这样一来，一向擅于蹦来跳去的蝗虫，现在，竟然一下子<u>不知所措</u>了，完全把"三十六计，走为上计"这一招儿忘到脑后去了。可怜的小蝗虫害怕极了，怯生生地伏在原地，不敢发出半点声响。生怕稍不留神，便会命丧黄泉，在它最害怕的时候，它甚至莫名其妙地向前移动，靠近了螳螂。它居然如此恐慌，到了自己要去送死的地步，看来螳螂的心理战术是完全成功了。

当那个可怜的蝗虫移动到螳螂刚好可以碰到它的时候，螳螂就毫不客气地立刻动用它的武器，用它那有力的"掌"重重地击打那个可怜虫，再用那两条锯子用力地把它压紧。于是，那个小俘虏无论怎样顽强抵抗，也无济于事了。接下来，这个残暴的魔鬼胜利者便开始咀嚼它的战利品了。就这样，像秋风扫落叶一样地对待敌人，是螳螂永不改变的信条。

在蜘蛛捕捉食物、降服敌人时，它通常采取的办法是：首先，一上来便先发制人，猛烈地刺击敌人的颈部，让它中毒。同样，螳螂在攻击蝗虫的时候，也是首先重重地、不留情面地击打对方的颈部。受了一顿狂轰乱炸的痛捶之后，再加上先前万分的恐惧，蝗虫的运转能力逐渐下降，动作慢慢地迟缓下来。这种办法既有效又非常的实用。螳螂就是利用这种办法，屡屡取得战斗的胜利。无论是杀伤和它一样大小的动物，还是对付比自己还要大一些的昆虫，这种办法都是十分有效的。不过，最让人感到奇怪的，就是这么一只小个儿的昆虫，竟然是个贪吃的家伙，能吃掉这么多的食物。

◀◁名师释疑▷▶

不知所措：不知道怎么办才好，形容受窘或者发急。

这句话出自《孙子兵法》。原指无力抵抗敌人，以逃走为上策。

以迅猛的姿态做出最稳、准、狠的攻击，争取最大的获胜可能。战斗力强的昆虫都惯于这种捕猎风格。

那些爱掘地的黄蜂们，算得上是螳螂的一顿美餐了，因此，在黄蜂的窠巢近区对螳螂的身影就屡见不鲜了。螳螂总是埋伏在蜂窠的周围，等待时机，特别是那种能获得双重报酬的好机会。为什么说是双重报酬呢？原来，有的时候，螳螂等待的不仅仅是黄蜂本身，还有黄蜂身上携带的一些额外的俘虏。这样一来，对于螳螂而言，不就是双份的俘虏，双重报酬了吗？

不过，螳螂并不总是这么走运，也会有什么都等不到，无功而返的时候。这主要是黄蜂已经有所疑虑，从而有所戒备了。但是，也有个别掉以轻心者，被螳螂看准时机，一举将其抓获。这些命运悲惨的黄蜂为什么会遭到螳螂的毒手呢？因为，有一些刚从外面回家的黄蜂，它们振翅飞来，有一些粗心大意，对早已埋伏起来的敌人毫无戒备。当突然发觉大敌当前时，会被猛地吓一跳，心里会稍稍迟疑一下，飞行速度忽然减慢下来。但是，就在这<u>千钧一发</u>的关键时刻，螳螂的行动简直是迅雷不及掩耳。于是，黄蜂一瞬间便坠入那个两排锯齿的捕捉器中——螳螂的前臂和上臂的锯齿之中了。螳螂就是这样<u>出其不备</u>，以快制胜的。接下来，那个不幸的牺牲者就会被胜利者一口一口地吞噬掉，又成了螳螂的一顿美餐。

记得有一次，我曾看见过这样有趣的一幕。有一只黄蜂，刚刚俘获了一只蜜蜂，并把它带回到自己的储藏室里，正在享用这只蜜蜂体内的蜜汁。不料，正在它吃得高兴时，遭到了一只凶悍螳螂的突然袭击，它无力还击，便束手就擒了。过程是这样的，这只黄蜂正在吃蜜蜂嗉袋里储藏的蜜，但是螳螂的双锯，在不经意间，有力地夹在了它的身上。可是，就是在这种被俘虏的关键时刻，无论怎样的惊吓、恐怖和痛苦，

◆名师释疑◆

千钧一发：形容情况十分危急。

出其不备：趁对方没有准备（就采取行动）。

名师指津
这是一句承上启下的过渡句。引发读者的好奇心：是怎样有趣的一幕呢？

竟然不能让这只贪吃的小动物停止继续吸食蜜汁，它依然沉浸在那芬香诱人的甜蜜中。这简直太奇异了，真是"人为财死，鸟为食亡"啊！

螳螂，这样一种凶狠恶毒、有如魔鬼一般的小动物，它的食物范围并不仅仅局限于其他种类的所有昆虫，还包括自己的同类。也就是说，螳螂是会吃螳螂的，吃掉自己的兄弟姐妹。而且，在它吃的时候，面不改色，心不跳，十分泰然自若。那副样子，简直和它吃蝗虫，吃蚱蜢的时候一模一样，仿佛这是天经地义的事情。与此同时，围在食同类的螳螂旁边的观众们，也没有任何反应，没有任何抵抗的行动。不仅如此，这些观众还纷纷跃跃欲试，时刻准备着，一旦有了机会，也会毫不在乎，像顺理成章似的做同样的事情。然而事实上，螳螂甚至还具有食用自己丈夫的习性，这可真让人吃惊！在吃丈夫的时候，雌螳螂会咬住它丈夫的头颈，然后一口一口地吃下去。最后，剩余下来的只是它丈夫的两片薄薄的翅膀而已，这真让人难以置信。

螳螂真的比狼还要狠毒十倍啊！听说，即便是狼，也不吃它们的同类。这么说来，螳螂真的是很可怕的动物啊！

螳螂筑巢

虽然我们的螳螂是如此凶猛而又可怕，它身上有那么多的杀伤性很强的武器，还有那么凶恶的捕食方法，甚至以自己的同类为食。但螳螂也和人类是一样的，不光有缺点和不

名师指津

螳螂的凶狠恶毒的天性不仅仅体现在残忍的捕食方面，还表现在对同类的无情，自然地对同类发起进攻。

◆名师释疑◆

泰然自若：不以为意，神情如常。形容在紧急情况下沉着镇定，不慌不乱。

名师指津

即使是小小的昆虫，也与人类有共通之处。多样的生物造就了本身不同的特性，也就相对有了优点和缺点。

足之处，还拥有很多自己的优点。

螳螂建造的窠巢，在有太阳光照耀的地方随处可见。比如，石头堆里，木头块下，树枝上，枯草丛里，一块砖头底下，一条破布下，或者是旧皮鞋的破皮子上面，等等。总之，在任何东西上，只要那个东西表面凸凹不平，都可以作为螳螂建巢的坚固地基。

螳螂的巢，颜色是金黄色的，很像一粒麦子。这种巢是由一种泡沫很多的物质做成的。但是，不久以后，这种多泡沫的物质就逐渐变成固体，而且慢慢地变硬了。如果燃烧一下这种物质，便会产生出一种像燃烧丝织品的气味。螳螂巢的形状各不相同。但是，不管巢的形状多么千变万化，巢的表面永远都是凸起的。

整个的螳螂巢，大概可以分成三部分。其中的一部分是由一种小片做成的，并且排列成双行，前后相互覆盖着，就好像屋顶上的瓦片一样。这种小片的边沿，有两行缺口，是用来做门路的。在小螳螂孵化的时候，就是从这个地方跑出来的。至于其他部分的墙壁，全都是不能穿过的。

螳螂的卵在巢穴里面堆积成好几层。其中每一层，卵的头都是向着门口的，那道门有两行，分成左、右两边。所以，在这些幼虫中，有一半是从左边的门出来的，其余的则从右边的门出来。

有这样一个事实是值得注意的，那就是雌螳螂在建造这个十分精致的巢穴的时候，也正是它产卵的时候。在这个时候，从雌螳螂的身体里会排泄出一种非常有黏性的物质。这种物质和毛虫排泄出来的丝液很相像。这种物质在排泄出来以后，

名师指津

巢所附着的地点不同，螳螂会随着地形的变化而改变巢的形状。

将与空气互相混合在一起，就会变成泡沫。然后，雌螳螂会用身体末端的小勺，把它打起泡沫来。打起来的泡沫是灰白色的，与肥皂沫十分相似。开始的时候，泡沫是有黏性的，但是过了几分钟以后，黏性的泡沫就变成了固体。雌螳螂就是在这种泡沫中产卵、繁衍后代的，每当它产下一层卵以后，它就会往卵上覆盖上一层这样的泡沫。于是，这层泡沫很快地就变成固体了。

在新建的巢穴的门外面，有一层材料，把这个巢穴封了起来。看上去，这层材料和其他的材料并不一样——那是一层层纯洁无光的粉白状的材料。这与螳螂巢内部其他部分的灰白颜色是完全不一样的。这就好像面包师们把蛋白、糖和面粉搅在一起，用来制作饼干外衣的混合物一样。这样一种雪白色的外壳，是很容易破碎的，也很容易脱落下来。当这层外壳脱落下来的时候，螳螂巢的门口就会完全裸露在外。可以看出来，门的中间装着两行板片。不久以后，风吹雨打之下，它会被侵蚀，剥落成小片，小片又会逐渐脱落。到了最后，旧巢上就看不见它的痕迹了。

至于这两种材料，虽然它们从外表上看来，一点儿也不一样，但是实际上，它们的质地是完全一样的。它们只不过是同样原质的东西的两种不同表现形式罢了。螳螂用它身上的勺打扫着泡沫的表面，然后，撇掉表面上的浮皮，使其形成一条带子，覆盖在巢穴的背面。这看起来，就像那种冰霜的带一样。因此，这种物质实际上仅仅是黏性物质的最薄、最轻的那一部分。它看上去之所以会比较白一些，主要是因为它的泡沫比较细巧，光的反射力比较强罢了。

名师指津
用打比方的写作手法，让我们更加形象、生动地了解到巢穴的样子。

名师指津
同种材料的不同质地，真是令人震撼！看来螳螂在筑巢方面真的是很有天赋。

这可真是一个非常奇异的操作方式。它相当有自己的一套方法，可以很迅速、很自然地做成一种角质的物质。于是，螳螂的第一批卵就生产在这种物质上面了。

螳螂真是一种很能干的动物，也是一种很有建筑才能的动物。产卵时，它排泄出用于保护的泡沫，同时，它还能制做出一种遮盖用的薄片，以及通行用的小道。在进行这一切工作的时候，螳螂都只是在巢的根脚处站立着，一动也不动，用不着移动身体，就在它背后建造起一座了不起的建筑物，而它自己对这个建筑物连看都不看一眼。它那粗壮而有力的大腿，在这件事的整个过程中，竟然没有用武之地，发挥不了什么作用。

名师指津

这所有一切的繁杂工作，完全都是由身体末端的小杓自己完成的。

作为母亲的雌螳螂工作完成以后，就放开一切，跑走了。我总是对它抱着一线希望，盼望着它有朝一日能够回来看一下，以便表露出它对整个家族的爱护和关切之情。但是，我的这个希望总也得不到实现。很显然，它对于这种表达竟然<u>不屑一顾</u>，一去不回头了。

名师释疑

不屑一顾：不认为不值得一看。形容极端轻视。屑，不值得，不愿意；顾，看。

所以，根据这一事实，我便得出了这个结论：螳螂都是些没有心肝的东西，尽干一些残忍、恶毒达到极点的事情。比如，它以自己的丈夫作为美餐，而且，它居然还会抛弃它自己的子女，弃家出走且永不归还。

名师指津

螳螂从不讲感情，十分凶残，是自私自利的代表，这是它们的天性。

螳螂卵的孵化，通常都是在有太阳光的地方进行的，而且，大约是在6月中旬，上午10点钟左右。在前面的文章里，我已经告诉过大家了，在这个螳螂巢里，只有一小部分可以为螳螂幼虫当作出路。这一部分指的就是窠巢里面那一带鳞片的地方，再仔细地观察一下，就会发现在每一个鳞片的下面都可以看见一个物体，是稍微有一点儿透明的小块儿。在这个小块儿的后面，紧接着的就是两个大大的黑点。那不是什么别的东西，而是幼虫的一对可爱小眼睛。幼小的螳螂幼虫，静静地伏卧在那个薄薄的片下面。如果仔细地看一下，就会发现它已经有将近一半的身体解放了出来。

下面，再看看这个小东西的身体是什么样的吧。它身体的主要颜色是黄色，又略带有一些红的颜色。除此以外，它还长了一个肥胖而且硕大的脑袋和特别大的眼睛。幼虫的小嘴是贴在它的胸部的，腿又紧紧贴着它的腹部。从这只小幼虫的外形上看，除了它那和腹部紧贴着的腿以外，其他部分都很像刚刚才离开巢穴的蝉。

和蝉一样，为了方便，更重要的是为了安全起见，幼小的螳螂刚一降临到这个世界上来，就穿上了一层结实的盔甲。要是幼虫打算从巢穴中那条狭小而弯曲的小道里爬出来，或者想要把自己的小腿完全伸展开来，那都是不太可能的。在这个小动物刚刚降临到这个世界上的时候，它是被团团包裹在一个襁褓之中的，那种形状就好像一只小船。

在小幼虫刚刚降生，出现在巢中的薄片下面不久以后，它的头便逐渐地变大，一直膨胀到形状像一粒水泡一样为止。令人惊讶的是，这个有力气的小生命，在出生后不久，就开始靠自己的力量努力生存。它一刻也不停地一推一缩，努力地解放着自己的躯体。就这样，每做一次动作的时候，它的脑袋就要稍稍变大一些。最终的结果是，它胸部的外皮终于破裂了。于是，它便更加努力，"乘胜追击"，摆动得更加剧烈，也更加快速。它挣扎着，用尽浑身解数，不停歇地扭动着它那副小小的躯干。看来，它是下定决心要挣脱掉这件外衣的束缚了，想马上看到外面的大千世界。渐渐地，首先得到解放的是它的腿和触须。然后，它继续不懈地努力，进行了几次摆动与挣扎以后，终于，它的躯干冲破了束缚，达到了最初的目的和企图。

几百只小螳螂同时团团挤在不太宽敞的巢穴之中，这场景倒真算得上是一种不可多得的奇观呢！当巢中的螳螂幼虫还没有集体打破外衣，变成螳螂的形态之前，首先暴露出的是它那双小眼睛。我们很少会见到哪一个单独的小动物独自行动，螳螂也不例外。暴露在外的眼睛好像在传达或接收某种统一行动的信号一样，每当这信号传达出来的时候，速度非常之快，几乎所有的卵差不多在同一时刻孵化出来，一起打破它们的外衣，从硬壳中抽出身体来。因此，也就是在一刹那，螳螂巢穴的中部顿时如同召开大会一样，无数只幼虫一下子集合起来，挤满了这个不太大的地方。它们狂热地爬动着，似乎很兴奋、很急切地要马上脱掉这件困扰它们生活的讨厌外衣。在这之后，它们或者是不小心跌落，或者是使劲地爬行到巢穴附近的其他枝叶上面去。再过几天以后，就会在巢穴中又发现一群幼虫，它们同样要进行与前辈们相同的工作，直到全都孵化出来。于是，繁衍就这样不停地继续下去。

然而，有一点非常不幸，这些可怜的小幼虫竟然孵化到了一个布满了危险与恐怖的世界上，也许它们自己还并不清楚这一点。曾经有过好多次，我在门外边的围墙内，或者是在树林中那些幽静的地方，看到螳螂的卵在孵化，一个个小幼虫破壳而出。我总有一种美好的愿望，希望能够尽自己微

名师指津

作者为什么突然说小幼虫来到了一个布满了危险与恐怖的世界呢？这渲染了一种神秘而恐怖的气氛，同时也引发了读者的好奇。

薄的力量，好好地保护这些可爱的小生命，让它们能够平平安安而且快快乐乐地生活在这个世界上。

　　但是，很不幸，这种愿望总是会成为泡影。已经至少有20次了，我总是看到那种非常残暴的景象，总是亲眼目睹那令人恐惧的一幕。这些还不知道什么叫危险的小幼虫，在它们乳臭未干的时候，便惨遭杀戮，还没来得及体验一下生活，年幼的生命就已经结束了，真是可怜啊！螳螂虽然产下了许多卵，但是事实上，并没有很多幼虫存活下来。因为，它所产下的那些卵在变成幼虫后，还不足以抵御那些早已在巢穴门口埋伏多时，将对它们进行杀戮的强大敌人。

　　对于螳螂幼虫而言，最具杀伤力的天敌要数蚂蚁了。几乎每一天，我都会有意无意地看到，一只只蚂蚁不厌其烦地光临螳螂的巢穴，耐心且信心十足地等待成熟时机，采取先下手为强的袭击行动。我一看到它们，就千方百计地帮着螳螂驱赶它们。可是，无济于事，我的能力经常驱逐不了它们。因为，它们常常是先人一步，率先占据有利的位置。看来，蚂蚁的时间观念还是很强的。但是，虽然蚂蚁们早早就静候在大门之外，却很难深入到巢穴的内部，往往对此束手无策。蚂蚁的智慧还不足以使它们想出冲破这一层屏障的办法。不过，它们总是埋伏在巢穴的门口，静候着自己的俘虏。

　　螳螂幼虫的处境实在是危险，只要它们一不小心跨出自家大门一步，那么，马上就会坠入深渊，葬送了自己的生命，因为守候在巢边的蚂蚁是不会轻易放过任何一顿美餐的。一旦有猎物探出头来，便立刻将其擒住，然后再扯掉幼虫身上的外衣，将其毫不客气地切成碎片。在这场战斗中，那些只能利用随意

名师指津

这里表达了作者对小动物渴望生存的赞美。小动物对生命的热情也是我们该向之学习的地方。

名师指津

这和上文作者提到的不满危险和恐怖的世界相呼应。表明了动物之间为了生存而互相残杀的事实。

名师释疑

任人宰割：听凭别人宰杀与欺辱，没有反抗的能力。比喻个人或国家不能掌握自己的命运，任别人侵略，剥削，压迫。

的乱摆来进行自我保护的小动物，和那些前来俘虏食品的凶猛、残忍的强盗们展开激烈的拼杀。小动物们尽管非常弱小，但是仍然坚持着、挣扎着，不放弃对求生的渴望。但是，这种无助的挣扎与那凶恶的抢夺相比，显得多么可怜哪！用不了多长时间，也就是一小会儿的工夫，这场充满血腥的大屠杀便宣告终结了。残杀过后，剩余下来的，只不过是碰巧逃脱敌人魔爪的少数幸存者而已。其他的小生命，都已经变成了蚂蚁的口中之食了。就这样，一个原本人丁兴旺的家族就衰败了。

前面我们曾提到过，螳螂是一种十分凶残的动物。它不仅以锋利的杀伤性武器去攻击其他的动物，猎取食物，而且还会以自己的同类为食，甚至在食用自己的同胞骨肉时，心安理得，坦坦荡荡。然而，就是这种可以被视为昆虫界制造灾害的代表，如今，在它们刚刚拥有生命的初期，也不可避免地惨死在昆虫中个儿头最小的蚂蚁的魔爪下，这难道不奇妙吗？大自然造物真是让人不可思议，小小的幼虫眼睁睁地看着它自己的家族被这样毁掉，它自己的兄弟姐妹被这么一群小小的侏儒所欺凌和吞噬，对此却束手无策，只能傻傻地目送亲人们远离这个充满危险的世界。

不过，这样的情形并不会持续多久。因为，遭到不测的只是那些刚刚从卵中孵化出来的幼虫而已。只要这些幼虫开始和空气接触后，用不了多长时间，便会变得非常强壮。这样一来，它们自己就渐渐地具备了自我保护的能力，再也不是任人宰割的可怜虫了！

等幼虫再长大一些，情况就大不相同了。它从蚂蚁群里快速走过去，所经过的地方，原来任意行凶的敌人们都纷纷跌倒下来，再也不敢去攻击和欺负这个已经长大了的"弱者"。螳螂在行进的时候，把它的前臂放置在胸前，作出一副自卫的警戒状态。它那种骄傲的态度和不可一世的神气，早已经把这群小小的蚂蚁吓倒了。它们再也不敢轻举妄动了，有些甚至已经望风而逃了。

但是，事实上，螳螂的敌人不只是这些小个子的蚂蚁，还有许多其他的小动物。而这些天敌可不是那么容易就能吓倒的。比如说，那种居住在墙壁上面的小型灰色蜥蜴，就很难对付。对于小小螳螂的自卫和恐吓的姿势，它全然不在意。小蜥蜴进攻螳螂的方法主要是用它的舌尖，一只一只地舔起那些刚刚幸运地逃出蚂蚁虎口的小昆虫。

虽然一只小螳螂还不够填满它的嘴，但是，从蜥蜴的面部表情便可以很清楚地看出来，那味道却是非常好。每吃掉一只，蜥蜴的眼皮总是要微微一闭，这是一种极端满足的表现。然而，对于那些年轻的、仍不走运的少年螳螂而言，它们真可谓是"才出龙潭，又入虎穴"啊！

不仅仅是在卵孵化出来以后如此危险，甚至在卵还未发育之前，它们就已经处于万分危险之中了。有这样一种小野蜂，它们随身携带着一种刺针，其尖利的程度足以刺透螳螂由泡沫硬化以后而形成的巢穴。这样一来，螳螂的骨肉，就如同蝉的子孙后代一样，遭受到相同的命运。这样的不速之客，就在螳螂的巢穴中擅自决定产下自己的卵，而且它的卵的孵化也要比这巢穴主人的卵提前一步。于是，螳螂的卵就会顺其自然地受到侵略者的骚扰，被侵略者吞噬掉。比如说螳螂产下1000枚卵，那么，最后剩下来的，大概也就只有一对而已。

名师指津

螳螂在年少时是对付不了蜥蜴的，看来，日后的昆虫界战斗霸主也免不了有被其他生物随意欺凌的时候啊！

这样一来，便形成了下面这条生物链：螳螂以蝗虫为食，蚂蚁又会吃掉螳螂，而蚂蚁又是鸡的食品。但是，等到了秋天的时候，鸡长大了，长肥了，我又会把鸡做成佳肴吃掉。

或许螳螂、蝗虫、蚂蚁，甚至是其他个儿头更小一些的动物，食用之后都可以增加人类的脑力。它们的精力慢慢地发达起来，然后贮蓄起来，并且一点一点地传送到我们身体的各个部位，流进我们的血液里。它们滋养着我们身上的不足之处，我们就是生存在它们的死亡之上的。

世界本来就是一个永无穷尽的循环着的圆环。各种物质完结以后，在此基础上，又纷纷重新开始一切，从某种意义上讲，各种物质的死，就是各种物质的生，这是一个十分深刻的哲学道理。

很多年前，人们总是习惯性地把螳螂的巢看作是一种迷信的东西。在布罗温司这个地方，螳螂的巢被人们视为医治冻疮的丹灵妙药。人们会把螳螂的巢劈成两半，挤出里面的浆汁，涂抹在疼痛的部位来治冻疮。农村里的人常说，螳螂巢的功效，就仿佛有什么神奇的魔力一样。然而，我自己从没感觉它有任何功效。

与此同时，也有一些人盛传说，螳螂巢医治牙痛也非常有效。妇女们常常在月夜里到野外去收集它们，然后，很小心地收藏在杯碗橱子的角落里，或者是把它们缝在一个袋子里面，小心地珍藏起来。如果附近的邻居们，谁要是患了牙痛病，就会跑过来借用它。

如果是脸肿的病人，他们会说："请你借给我一些铁格奴，好吗？我现在痛得厉害呢！"另外一个就会赶快放下手里的针线活儿，拿出这个宝贝东西来。而她会很慎重地对朋友说："你随便做什么都可以，但是不要摘掉它。我只有这么一个了，而且，现在又是没有月亮的时候，抓不到了。"

没有想到，农民们这种心理上简单而迷信的反应，竟然被十九世纪的一位英国医生兼科学家超越。他曾经告诉过我们如此荒唐可笑的事情。他说在那个时候，如果一个小孩子在树林里迷了路，他可以询问螳螂，让它指点道路。并且，他还说道："螳螂会伸出它的一足，指引给人正确的道路，而且很少，或是从不会出错的。"

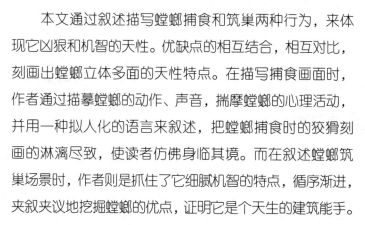

名师赏析

本文通过叙述描写螳螂捕食和筑巢两种行为，来体现它凶狠和机智的天性。优缺点的相互结合，相互对比，刻画出螳螂立体多面的天性特点。在描写捕食画面时，作者通过描摹螳螂的动作、声音，揣摩螳螂的心理活动，并用一种拟人化的语言来叙述，把螳螂捕食时的狡猾刻画的淋漓尽致，使读者仿佛身临其境。而在叙述螳螂筑巢场景时，作者则是抓住了它细腻机智的特点，循序渐进，夹叙夹议地挖掘螳螂的优点，证明它是个天生的建筑能手。

除此，在整个观察思考中，作者不仅发出这样的感慨，"然而，就是这种可以被视为昆虫界制造灾害的代表，如今，在它们刚刚拥有生命的初期，也不可避免地惨死在昆虫中个儿头最小的蚂蚁的魔爪下，这难道不奇妙吗？"道出了自然界的循环往复，相互关联的奇特之处。

学习借鉴

好词

乐此不疲　炎炎烈日　仪态万方　意想不到

不言而喻　凶神恶煞　担惊受怕　各种各样

不堪回首　逃之夭夭

好句

＊种田的人实际上对利用动物寄予美好愿望的事乐此不疲，他们在了解很多外表材料的基础之上，利用丰富的想象力大加补充。

＊昆虫那种貌似真诚的态度是骗人的，那静静地祈祷的神态举止，实际掩藏着残酷的习性。

＊你瞧，那纤细的身材，那雅致的短上衣，那淡绿的体色，还有那修长的薄翼。

思考与练习

1. 面对不同的对手，螳螂应对的方式不尽相同，哪种应对方法给你留下的印象最深？

2. 你认为螳螂是一种怎样性格的昆虫？你喜欢它吗？说说自己的理由。

蝎 子

◆━━━━ 名师导读 ━━━━◆

　　蝎子有毒这一特点，几乎是人尽皆知。但通常我们用"心如蛇蝎"来形容冷酷无情的坏人，想必不仅仅是因为蝎子身上的毒性，还与它们的其他习性有很大关系。想了解这一点，那就从阅读中自己找寻答案吧。除了介绍蝎子凶残的一面，作者还通过对朗格多克蝎的观察，为我们展现了蝎子的柔情一面。例如，雄蝎子如何向雌蝎子表达爱意？雌蝎子在产下小蝎子后是如何展现母爱的呢？蝎子幼虫在"弃皮"后，又会有怎样神奇的变化？这些常常被我们忽略的问题，本章内容都会——告诉你答案。

白 蝎

　　虫子在经过碰撞物体的震动，或者忽然遭受到惊吓时，就会处在一种意识不清醒的状态，就像鸟儿把头插进翅膀下，站在原地长时间摇晃一样。这种恐惧，来得实在突然，令人感到惊讶不说，有时候甚至会要了人的命！

人尚且如此，何况昆虫呢？它们的生理结构使其在遇上恐惧事物而被惊吓时，反应非常灵敏。如果受惊吓的程度小，昆虫抽搐一会儿，然后就恢复了正常状态。而受到惊吓的程度严重的话，昆虫就会突然处于休克状态，久久不能动弹了。

什么是死亡？昆虫根本就不知道，因此，也就不会假装出死亡的模样。什么是自杀？昆虫也不知道。据我所知，迄今为止，我还没有见到一只动物自杀的事例。但有过这样的情况：有些昆虫，感情比较丰富，偶尔会任由烦恼伤害自己，一直到精神憔悴。不过，这和用匕首割脉自杀的实质完全不同。

由此，我却想起了蝎子自杀而死的事情。蝎子会不会自杀？对于这种情况，仁者见仁，智者见智。有的人持认可的态度；有的人则持反对的态度。有人说，蝎子被围在一圈火当中，会用螫针刺自己，然后让剧毒渗入五脏六腑，一直到死。这故事中，有多少可信度呢？现在，就让我们自己来观察一下，再下结论吧！

不得不说的是，这儿的环境对我的观察还是很有利的。此时，我在几个大泥罐中，养着一群古怪的动物。为了能给我的昆虫研究提供最有用的资料，我一直在耐心等待着它们长大。然而，它们并不理解我的意思。

接下来，我会改变一下思维方式，也许这样会更有效果。我在邻近小山上养了12对南方大白蝎，那儿是一片沙质土地，上面还有很多扁平的石头，阳光非常充沛。在每块石头下面，都生活着一只孤零零的蝎子。在这儿，它们分布在各个角落，不过，它们的名誉却令人感到忧虑。

至于它的蜇针如何厉害，我也不明白。在书房中，和这群恐怖的家伙们待在一起时，需要承担一定的危险，所以，我很谨慎。其实，我自己也没有特别多的切身经历，不得不向伐木人请教，让他们讲述一下他们的经历和感受。

其中，有一位伐木人说：

"饭后，我靠在柴堆中打盹儿。突然，腿上感到一阵难以忍受的剧痛，那滋味儿就好像被尖尖的钢针猛地扎了一下。接着，我伸手去摸。啊！原来是一只蝎子，有一根手指那么长，就是它在我的腿肚下面一点的地方蜇了我一下。我捏住它，它不停地乱动。"老实的伐木人伸出一手，一边说一边比划着。说真的，我并没有对这个长度感到惊讶，因为我去外边捉虫子的时候，也看到过差不多这么长的蝎子。

"本来我还想继续干活儿，"伐木人接着说，"可是，我整个身体开始不住地冒冷汗，眼看着那条腿慢慢地肿胀起来，突然就肿得很粗。"然后，他伸出两手，空掐在小腿肚子上，摆出有一个小桶那么粗的姿势，再一次比划起来。

"那时，我使出浑身的力气，走了一小段路，才回到家。而平时，走那段很短的路程是多么轻松啊！我的小腿肿胀得越来越严重，开始一点点儿向腿肚子上面蔓延。到第二天，就肿到这个地方了。"他指着小腿窝的地方，做了个示意性的动作。

"我整整三天的时间都没站起身来。我咬牙忍着，把腿放到一张椅子上，敷上碱末，好多次后，才终于下去了一点儿。"

他说完自己的亲身经历后，又向我谈到另一个伐木人的事情。同样，也是让蝎子蜇了小腿肚子的下部。因为那个伐木人住的地方很远，没有足够的力气回家，倒在了路边，正好有几个过路人看到，分别抱着他的头部、腰部和两腿，一块儿把他抬回家。

这个人带着乡村人的独特叙事的方式，告诉了我这么多。不过，我并不觉得他在<u>夸大其词</u>。对我们而言，被蝎子蜇的确是一件不可忽视的事情。就连蝎子自己被同类蜇了一下，也是无法支持很长时间的。在这个问题上，我要比外行人更有资格发言：因为，我自己已经观察过许多次了。

我从山上带回两个强壮的大蝎子，把它们放在一个大口瓶的沙底上，而且故意让它们待在一起。然后，拿着稻草棍儿去挑拨它们动怒，还让它们碰在一块儿。这两个受到干扰的蝎子，将要开始进行战斗了。当然，恼怒是由我而起的。不过，看形势，也许它们都把找茬儿的过错怪罪到了对方的头上。它们的防备武器是钳子，将钳子伸成月牙儿的形状，各自卡在对方的身上，不让敌人靠近自己。

突然，两条蝎尾相互展开，从背上朝前猛攻。它们的毒囊一下子撞在一起，说时迟那时快，在蜇针那坚硬的尖上分明挂着一小滴清澈透明的毒液。不一会儿，战斗就结束了，其中一只白蝎被另一只的蝎子刺中。两三分钟后，失败的一方跌跌撞撞，走了几小步，就倒在地上，不再起来了。而胜利的一方，默默地啃咬失败者头部的最前端——蝎头。然而，那也只不过是肚子前口的一个地方，一次咬一小口，不过，咬的时间拖得有一点长。此后，四五天里，它都在不停地吃同类的肉。

吃掉失败者的理由，可以谅解的只有一点：对战胜方而言，这是一种光明磊落的行为。而我们人类都不会这么想方设法去啃吃战场上的失败方的肉。为什么？我还无法说清楚这一点。

◥名师释疑◤
夸大其词：说话或写文章不切实际，扩大了事实。

不过，我们已经了解：蝎子的蜇针可以让同类在短时间内毙命。接下来，就来谈谈蝎子自杀的事。有些人提到过一种自杀方法：将蝎子放到一盆火炭中，它会用蜇针去刺穿自己，最终心甘情愿地死去。如果按照人们所说，这是一件确定的事情，那么对这种野性的生灵来说，自然也是一件合情合理的事。就让我们亲眼看一看吧！

我在地上用烧得通红的木炭围成一圈火墙，然后把那只最大的家伙放到火墙中。在风的助势下，火势更大了，炭墙更红。一股热浪烤在蝎子的身体上，它在火圈里直转圈。而一不小心，它就会接触火墙。只见它左躲躲，右闪闪。

突然，它不顾方向地向后退，但另一侧的身体不得不碰一下火墙。每次试图逃跑，火墙都会更加无情地烧烫它。最后，蝎子失望得快要发疯了，愤怒起来，快速地挥动起大颚，并反卷成钩子似的，伸直平放在地上，又高高地举起来。它向前冲，被烫一下，后退，又被烫一下。它没有规律地重复这样做着，我简直都不知道它是如何做的。

这时，蝎子该是利落地刺死自己以寻解脱的吧？然而，出乎意料的是，它一瞬间抽搐起来，紧接着便笔直地平躺在地上，一动不动了。它真的死了吗？

看这情景，也许你会认为它真的死了，可是，在那令人看不懂的疯狂中，难道它没有刺向自己一下，以求最后的解脱？而我却没有看到。如果，它真的这样做了，毋庸置疑，它已经死了。我们所能看见的是，在那么一瞬间，它用自身的剧毒结束了自己的生命。

然而，我还是感到一点儿疑惑。于是，就用镊子夹起蝎子放在地上。一个小时后，突然那只蝎子又活了过来，和接受实验之前那样有活力。我又连续试验了第二只蝎子，第三只蝎子……由此得到的结论，毫无差异：因绝望而发狂，一时间静止不动，就像被雷击致死似的，但放在凉的地上，它就具有生命力了。

我认为，那些说蝎子自杀的人，只是被它一时丧失生命的假象欺骗了。在这件事中，蝎子置身于火墙中，怒火中烧而抽搐，突然瘫倒一动不动。对于这一假象，他们过早地相信，最后认为蝎子死掉了。如果，他们不那么轻易相信表象，而是早点儿操作，把蝎子从火墙圈中拿出来的话，也许就会发现，蝎子根本没有自杀。

一切有生命的东西，除了人类，都不会有愿意轻易终止生命的精神力量。而人类能在生活的痛苦和灾难中自我解脱，是因为我们有胆量和气魄，这也是人的高尚品性，觉得拥有了一种能进入深思领域的境界，就好像是我们能超越动物的一个强有力的象征。

然而，我们的内心中拥有的却是胆怯，再把这种品德实践到行动中去。虽然，我们有权按照自己的期望选择死亡的方法，但是，这并不意味着我们有权轻视生命。而正好相反，我们拥有的这种自由意志的权力，给我们提供了动物根本没有的思维本领。

也只有我们，才知道如何终止生命的欢乐，预测出我们自己的末日，对死者抱有崇敬之情。这些事，不是任何一种动物所能猜测得到的。如果以这种品味较低的论调使我们相信一只虫子会耍出装死的方式，并对这种低劣的科学胡乱一说的话，我们应该明白这样一个警告：先真真切切地看清楚事情的一面，而不是把虫子被吓死的假象，认为这就是虫子能够做出自己根本不可能发生的状态。

至于这一个结论，只有我们才能够清醒地认识，也只有我们才具备思维的本能。地位低下的昆虫学也应该让人们能听见属于你自己合情合理的见解：

"你们要有自信，相信本能从未有过背叛自己的誓言。"

朗格多克蝎

这类昆虫寡言少语，虽然同伴常常在一起，可它们的接触没有一点趣味。其生活习性具有一种浓厚的神秘感，以至于除去解剖学所提出的关于它们的一些问题外，人们对它们的生活背景几乎可以说一点儿都不知道。老师们拿解剖刀给我们展示的是它们的器官结构。根据我所了解的，到现在为止还没有哪一位观察工作者可以用极大耐性，给我们具体讲解它们的私生活。

用酒精泡过以后剖开胸腹的朗格多克蝎，人们现在已经了解得很清楚了。但是，作为本能驾驭下的生命体，对这种蝎子的了解知之甚少。我认为，在节体动物里，最缺乏的有关生物学详尽记载的文章，就是关于朗格多克蝎的。世世代代，它强烈地引起了人们的兴趣，诱发人们的猜测，所以它成了黄道十二宫的代表之一。卢克莱修曾经讲过："恐惧产生神。"靠着惊恐心理的神化作用，蝎子在天上谋得了一个星宿的荣誉，在历史中被敬为10月的象征。此时就请蝎子自己讲话吧。

名师指津

昆虫是依据本能反应来生存。因此，想要了解昆虫的习性，观察昆虫这一环节显得尤为重要。

名师指津

运用拟人的修辞手法形象地揭示了朗格多克蝎独立、神秘的生活方式。

名师指津

恐惧来源于无知。在不了解某一事物或自然现象时，人们很容易将自己的幻想置于其上，因此产生了不必要的敬畏之心。这是种很客观的唯物主义观念。

作者为什么要在谈到朗格多克蝎前，先说说黑蝎呢？他们之间存在什么样的联系呢？这激发了读者对文章的进一步的探寻乐趣。

用人们熟知的黑蝎作对比，并用具体数字说明朗格多克蝎的体型巨大。这也是人们对它望而生畏的一个原因。

我们暂且不说给我的蝎子们怎样准备住所，先来谈谈它们的相貌特点。谈到朗格多克蝎前，我们想说说黑蝎。普通的黑蝎，人人都知道，分散在地中海沿岸欧洲领域内的很多地区。它们常常在房屋内潮湿阴暗的角落里出没，在雨水多的秋季，它们在白天钻进我们的房屋，有时候甚至还钻进我们的被子里。它给人的感觉并不是祸患，而是害怕。我目前所住的屋子内就有很多黑蝎，可我不曾因为观察它们而出现意外事故。因为人们把它吹捧得过高了，我对它怀有最多的只是反感，而不是恐惧。

朗格多克蝎栖息在法国的地中海沿岸各省内。对于这类蝎子，人们总是恐惧多于了解。朗格多克蝎绝对不会打我们居所的主意，而是远远地避开我们，藏到少有人去的偏僻地方。与黑蝎比起来，它可以说是一个巨人，发育完全后的朗格多克蝎，可以长到8~9厘米长。这类蝎子全身都是褪色稻草那样的铅灰色。它的长尾巴，由一连串五节棱柱体构成，每节棱柱体的样子都像个小酒桶，彼此通过酒桶底板串连在一起，形成粗细掺杂、起伏有致的脊条。在擎举双钳的大臂和小臂上面，分散着长有相同的纹络，这些纹络把蝎臂的表面分割成很多条状磨面。脊梁上也有若干道曲里拐弯的条纹，就像护胸甲片连接处的颗粒形轧边。轧边上显眼的小颗粒，透露出一种盔甲所独有的粗犷而凶悍的坚实感。这一点正好也是朗格多克蝎的一个性格特点。

尾巴顶部是第六节体，这个节体表面光滑，呈水泡样，它就是分泌并储藏蝎毒的小葫芦。毒腔末端是尖利的蜇针，颜色呈深暗色，有弯。离针尖不远处的针体上，有一个稍稍张开口的细孔，这个细孔需要借助放大镜才能看到。毒液能从细孔中流出，然后渗进被螫针扎出的小针孔中去。螫针既坚硬又尖锐，我用手指拿着它刺穿纸板，就如同用缝衣针一般不用费力。

螫针的弯度很明显，在尾巴平展的时候，针尖冲着下指着。蝎子利用这个武器时，必须要把它高高翘起，拍打着朝前冲刺，这就是它永不变换的作战方式。它总是爱把尾巴反卷到背上，随时预备着朝自己钳住的对手突刺。它总是保持着这个姿态，不管爬行或者休息，尾巴都卷贴到脊背上，很少有尾巴平放着而垂到地上的时候。

一对钳子从它的嘴里露出来，就像螯虾的口钳一样。这对钳子既可以用来搏斗，也可以用来收取消息。蝎子前行的时候，双钳朝前面伸着，每个钳子都张开着，随时警惕着，以防万一。向对手开始突刺攻杀的时候，螫针由背上进行攻击。需要长久地咬住猎物时，它用双钳充当手，将猎物放到嘴前。

除这双钳以外的蝎爪，还有它特别的作用。爪端好像是忽然折断的指头，指头上长出几个能够灵活自如的细爪尖。和这组爪尖对着的还有一根短爪杈，但只起拇指的作用。那粗硬的睫毛，恰恰为这发育不全的身体，添加了一顶王冠。身体的每个部位都组合起来，组成一个攀缘器。正因为这样，这种虫可以在我的钟形网罩上行走，可以仰面朝天地保持很长时间停在笼顶上，可以拖着笨拙的身体贴着垂直的笼壁向上爬行。

身子下面，在紧贴着每条腿根部的地方，生有一些奇异的梳子形状的东西，它们是这种虫独有的器官。它们由排列在一起的小薄片构成的，小薄片一片紧连着一片，很像我们平常看到的梳子的排齿。据解剖学人士判断，这些梳状东西

名师指津

蝎毒看上去仿佛是水，实则是一种含有剧毒的液体。

名师指津

作者对蝎子的爬行方式做了生动的描述，并赋予它战斗和冲刺的拟人化的形象，表达了作者对蝎子的敬佩。

名师指津

蝎子的每个部位都不完美，甚至有些笨拙，但是正是这样的体型才造就了它独特的爬行和生活方式。

在交尾的时候起到铰合作用，可以让雌雄双方维持密切的联系。为了察看它们习性的私生活，我把逮着的朗格多克蝎安放在盛有玻璃壁板的大笼子内，并且放入一些大块的碎陶片，当作避身的遮盖物。每个笼子内，都放入二十四只蝎子。

那年4月，燕子又飞回来了，布谷鸟刚开始尝试自己饱满而润泽的歌喉，我那些始终都很老实的蝎子，这个时候却发生了一场革命。在我花园里的昆虫小镇上，各式各样的蝎子全都到外面从事晚上的朝圣活动，并且都走出家门就不想回来。还有更严重的事情也在发生：我多次看到一块石头底下有一对蝎子，不过都是其中一只正在吃另外一只。这是不是同类之间发生的劫掠事件？可能，美好的时节刚刚到来，它们<u>心潮彭湃</u>，迫切地想闲逛，不小心闯进邻居的住宅，却因为打不过住宅主人而灭亡了？我们会觉得是这么一回事，因为鲁莽者是被看成一般猎物一样的东西，一小口一小口，连续几天，安安静静地被别人吃掉的。

但是有一方面我想提醒大家留意，那些被吞吃掉的，经常是一些个头儿中等的蝎子，它们金黄的颜色看起来更明显，腹部不是那么滚圆，这证明它们是雄性的。结果，事实再三说明，它们的确是雄性蝎子。那些把它们吞吃掉的，体型都比较大，腹部圆鼓鼓的，颜色发黑。这些挺着腹部的蝎子们，都不是用这样极其痛苦的方式了结生命。由此来看，这也许并非邻居之间的争吵打骂，并非主人因为爱惜自己的单身生活，因此先让前来拜访者吃一顿苦头儿，接着把它们吞吃掉。并非是主人想用此当作解决问题的最佳办法，阻止这种鲁莽的行为再次发生。这实际上是婚俗中的一个程序，由<u>交尾</u>以后的女主人，用含有悲剧色彩的方式来履行。

第二年，春天来了。这次我提前预备了一只空间很大的玻璃笼，放入 25 只蝎子喂养，所有的蝎子都配备了一块瓦片。由 4 月中旬开始，每天晚上七点钟至九点钟，被夜幕所笼罩的玻璃宫殿看起来特别热闹。白天里是一片衰败的荒凉场地，此时却显现出一片欢乐的情景。晚餐一结束，家人全都出动，去看蝎笼。玻璃挡板前面挂上一盏提灯，笼子内发生的所有一切都看得清清楚楚。

白天已经在一片嘈杂中过去了，面前是一种愉快的消遣，是一场演出。这出戏由可爱的蝎演员们饰演，其一招一式，一场一幕都很优美动人。所以，从提灯起初把笼子照亮开始，一家人无论老少，都找好自己的位置，坐在地上，确实可以说是座无虚席，就连我们喜爱的狗——汤姆也来了。看着蝎子们之间发生的事情，汤姆一点儿都不关心，表示出纯粹乐观者的态度。它在我们脚旁边趴着，只用一只眼在那儿打盹，另外一只眼却瞪得很大，看着自己的好朋友，也就是那些孩子们。

此刻，通过我的描写，读者们就会幻想到面前所发生的事情。靠近灯前玻璃挡板之处，有一片黑暗区，那儿不久就聚集了一大批蝎子。从另外不同的角落，这里一只那里一只，又出现很多独自漫步的蝎子，它们正在亮光的诱惑下从黑暗中走开，前来享受光明的愉悦。夜蛾投光的情形，也不比这情景热闹多少。后到的蝎子也混进灯下的蝎子群里。少数蝎子被扔在游戏圈以外，缩在黑暗的地方休息一会儿，接着又加入到演出的行列中来。

这是发疯到可怕程度的萨拉班德舞，不过表演依然不失

名师指津

萨拉班德舞是西欧古老舞曲的一种。这里用比喻的的手法，生动地写出了蝎子们争斗的情形。

吸引力。有几只蝎子由很远的地方赶过来，严肃地从黑暗的边缘踏入光亮区登台亮相。接着忽然跳起滑步步伐，用一种快速且柔和的冲动，投身到灯下的蝎群之中。看到它那迅速而灵敏的动作，就会想到老鼠小步快走时的模样。蝎子们相互找寻，但是刚刚碰到彼此的指梢，又都如同被对方烫着一般，猛然避开。另外还有几只蝎子，已经与同伴抱在一块儿，很快又闪到旁边，疯狂一阵儿，然后再躲入黑暗安静一下，之后再次返回亮光中。

名师指津

将蝎子的动作和老鼠小步快走作对比，形象直观地写出了蝎子动作的敏捷程度。

隔上一段时间，就会爆发出一阵激烈的嘈杂声。纠缠在一块儿的足爪，忽然相互叉在一起的钳子，翘卷着敲击的尾巴，瞬间一片混乱。尾巴的拍打，到底是在恐吓还是在爱抚，确实讲不清楚。假如找到一个合适的观察角度，会看到蝎群当中有许多对小亮点，像红宝石一样光亮闪烁。人们也许会猜想那是眼睛在发光，实际上不是那么回事，那是许多对和反光镜一样光滑的棱面，所有的蝎子头前都有一对。看到蝎子们不分大小，都一块儿参加一场群架中，你或许觉得这是殊死拼杀，是彼此杀害，实际上也不是这么回事，这是一场调皮的嬉戏游戏。这场面，就像年轻的猫们聚在一块儿，动手动脚，胡乱抚摸。很快，蝎子群散开，一只只向不同的地方游窜，身上没有一点儿受伤的痕迹，更没有扭伤或折断。

名师指津

作者用了"小耳光"一词，用拟人的手法表达了作者对蝎子的喜爱，写出了蝎子在作者眼中的顽皮。

散开的蝎子再次在灯前聚集，它们不停地走来走去，离开了再回来。在这段时间内，大家经常头和头碰到一块儿。很着急的，甚至直接踩着其他人的后背经过。被别人踩过的，摇摇屁股以示反抗。在还没到碰撞推挤的时候，如果彼此遇到，最多也就是相互给个小耳光，用曲棍尾巴敲击一下罢了。这种不使用蜇针的和睦敲打，是蝎子社会经常使用的拳击方式。

还有一种富含独创性的打架姿势，比拳脚和长尾拍打更优美：两者如果碰到，头顶头，两钳收回，这时候，彼此相对而立的角力者都撅起后身，然后猛然一下倒立起来。它们用碰在一块儿的头做支点，前肢帮助支撑，整个后半身子笔直地竖在那，连胸前那8个很小的呼吸囊都能够看见了。直直地支立着的两条尾巴，这个时候彼此摩擦，时而我在你尾巴上滑动几下，时而你在我尾巴上滑动几下。

与此同时，两个尾巴的末梢不停地撞击，一遍又一遍地轻轻衔接，慢慢分开。忽然间，友好的金字塔倒塌了，双方根本就不讲客套话，快速地各奔东西。二位角力者摆起新奇的打斗姿势，到底想做什么？莫非是二位情敌在千方百计地制服对方？确实不像，它们遇到的时候是那么友好。经过接连数次的观察，我才知道，它们这么做起初是在订婚，互相表达自己的衷情，后来倒立起来，为的是点燃情火。

名师指津

作者猜想蝎子间不同寻常的打斗姿势到底代表着什么，经过观察，原来是它们在表达爱意，真是太神奇了！

假如往后依旧采用前边已着手使用的方法，把一天天记下的一些无关紧要的东西汇成一篇文章，想必会有益处，并且讲述的时候也比较快。但是，假如把那些不易掺和在一起，不便于透彻领悟，不过却独具特色的一幕幕场景都丢掉，那么这样一篇文章的价值就会有所降低。向读者介绍这样新奇并且鲜为人知的昆虫习俗，每一种情形都不能忽略。

我觉得参照编年法，采用抽段叙述的方式，把观察过程中有新奇情形出现的内容向读者介绍一下会更好一些，就算有点重复也不要紧。这样的叙述，虽然刚开始没有定性，但是到最后肯定能够显现出其内在的条理性，因为每个晚上的

名师指津

作者向读者阐明自己的叙述方式以及采用这种方式的原因，以免后面的文章看起来有些不连贯。

那些惹人注意的情形，事实上具有相同的特点：它们都是对过去情形的验证或者补充。我现在就开始抽段叙述。

1904 年 4 月 25 日

啊！这到底是怎么回事？从来都没有见过。我的注意力每时每刻保持敏锐的感觉，此刻总算开始投进工作状态中。一对蝎子把双钳伸出来，彼此夹着对方的钳指。这是在和气握手，而并非打架的预兆，两方都用特别友好的态度彼此对待。它们一雌一雄，腹部大、颜色黑的是雌蝎，相比之下比较瘦弱、颜色惨白的则是雄蝎。这两只蝎子，都把尾巴盘成好看的螺旋花，挪动很有分寸的步子，顺着玻璃墙根悠然自得的漫步。雄蝎在前面倒着走，步伐稳固矫健。雌蝎被雄蝎夹着，同它面对面，服从地跟着它。

漫步过程中，有时会停止走路，休息一下，不过衔接方式一直都没有改变。稍微休息一会儿，两位又接着漫步。它们一会儿由这起步，一会儿由那起步，一遍又一遍地由围墙的这头儿走到另外一头儿，不知道走到什么地方才能到头儿。它们游荡着度过时间，两方都认为事情已经有了很大的把握，不停地眉目传情。

一对蝎子不停地调头返回，决定变换方向的一直都是雄蝎。雄蝎仍旧紧紧地握住对方，极其温和地转动半圈，处在和情人并肩站立的位置上。它把尾巴舒展开来，搭到情人的脊背上，抚摸起来。雌蝎纹丝不动，显出一副一点儿也不动心的模样。

整整一个小时过去了，面前这冗长平淡的往返漫步，却并不使人觉得厌烦。几位家人用眼神支持我，同我一起坚持欣赏这奇特而美妙的表演，这是世界上没有人看到过的表演，或者可以说是具有观察工作能力的人到现在为止没有看到过的。尽管时间很晚了，大家的眼力也不怎么好用了，不过我们的注意力依旧积极地配合，一点儿没有错过重要的情形。

最后，快要十点钟的时候，这两位恋人分手了。但是这分手却只是把其中一只手分开，雄蝎的另外一只手仍然紧紧地抓住雌蝎。雄蝎爬到一块瓦片上面，那掩体看来特别中意。它用已空出来的手扒了扒，用尾巴扫了扫，一个洞口露了出来。它钻到里面去，接着再一点点儿把雌蝎也慢慢地拉进去了。很快，一对蝎子都不见了。用一块沙土垫子把门堵上，夫妻二人待在自己家里。

或许此刻不应当打扰它们。如果急着想知道瓦片底下正在发生的事情，就会太早地做出时机不宜的干扰。它们那些事情，只是预备阶段就必须占去大半个晚上。而我这儿，已经很久没闭一下眼睛，80岁的老骨头也确实无法继续支撑了，膝关节不停地弯下去，沙粒也落进眼睛中来。得了，去睡觉吧。

足足一个晚上，我都处在梦境之中，梦到的全都是蝎子。我梦到蝎子们在我的被子里跑，还往我的脸上爬，但是我一点儿厌恶感都没有，那是因为，我在梦里凭着幻想，看到了蝎子情侣们奇怪而特别的事情。第二天，天刚蒙蒙亮，我就去把瓦片揭开。结果，只有雌蝎一个人留在那儿。雄蝎没有了影子，不但过夜的地方看不到它，并且周围的地方也看不到它。雄蝎走了。初次试验让我觉得失望，以后的工作也就能够想象得到了。

5月10日

傍晚7点钟，空中布满乌云，说明一场大雨快要到来。玻璃笼内一块瓦片底下，有两只蝎子纹丝不动地趴在那儿，

名师指津

作者做梦都是蝎子，可见他对自己研究的蝎子是多么地喜爱。也反映了作者的求知欲望的浓烈。

脸对脸，钳指牵在一块儿。我非常小心地把瓦片揭掉，使里边的占领者露在外面，这便于我随着自己的意愿跟踪观察这次独自会面的情况。天色慢慢地黑下来了，我不再担心，认为不会再有什么情况能打扰我了，但是一场瓢泼大雨，使我不得不从现场离开。那些蝎子都有玻璃笼遮着，用不着避雨。哦，它们正堕入爱河，但是，供私生活享用的凹床却不见了华盖。想到这儿，心里确实不知道它们应当怎么办才好。

过了1个小时，雨停了，我再次走到蝎笼旁边。实在没有料到，它们已经由没有顶的住宅内离开了，原来，它们又选择了周围一处有顶的住宅。钳指仍旧牵在一块儿，雌蝎在住宅外面等着，雄蝎在里边整理床铺。时间10分钟又10分钟地消逝，家人一个连着一个地交替，绝对不能错过交尾的时间，我已经觉得那时刻非常紧急了。八点钟的时候，天已经变得漆黑了。不过地点始终都不如意，夫妻二人一次又一次踏上朝圣的路程，手牵着手，一块儿找寻其他的地点。雄蝎倒着指导方向，选择自己喜欢的地方。雌蝎驯服地跟随在后边。这完全是在4月25日所看到的那一幕的再现。

又找到一个带顶的住宅，这次总算称心了。雄蝎先钻到里面去，这一次两手都没有放开，一刻不停抓住自己的情侣。它用尾巴扒了扒，然后扫了扫，新房预备好了。蝎娘子被蝎郎君静静地拉到贴身的地方，一块儿钻到洞房里面去。

时间已经过了2个小时，我觉得我必须察看一下，心想已经过了这么久，所有的同居准备一定完成了。我把瓦片揭掉，咦！仍然是那个情形，依旧保持着原先的姿势，依旧那样脸对脸，手拉手。无疑，今天是看不到还要多的内容了。

名师指津

这里可体现了蝎子作为昆虫的聪明。表现了作者的惊奇和对它们像孩子似的宠爱。

名师指津

作者将这对要交配的蝎子比作正在举行结婚仪式的新郎和新娘，表现了作者对它们浓烈的兴趣和喜爱，在作者看来，昆虫不再是昆虫，而是他的朋友。

第二天，一切仍然照旧进行，仍旧是在对方面前站着若有所思，一只钳爪都不动，紧紧地夹在一块儿。大哥大嫂的房瓦下约会，依然在进行中。黄昏太阳下山的时候，连在一块儿长达 24 个小时的这对伴侣，总算分手了。他从房瓦下走了出来，她待在了瓦下，事态一点儿进展都没有。

这个场面中，有两个事实应该予以留意。第一个事实是，一对雌雄蝎子订婚以后，需要有一个秘密、洁净、隐秘的地点。在露天的处所，置身于蝎群中，当着大家的面，它们也许根本不能下定结婚的决心。比如，只要住宅的房顶被揭掉，不管白天或者晚上，就算你再谨慎，那好像陷进沉思的两口子也会再次踏上旅途，寻找另外一个居所。第二个事实，留在石块底下一动不动的情形要延续很久。方才说到的那个例子，过程持续了 24 小时，并且依旧没有出现最后的结果。

5 月 12 日

今天晚上这一幕，会给我们提供点儿什么情形呢？天气很热，适宜晚上玩闹游戏。一双蝎子配在一起，其中的缘由，我无从得知。这一次，蝎大哥的身材比肚大腰粗的蝎大姐小很多。不过，不要看蝎大哥又瘦又小，能力却发挥得很好。它向后倒退，这好像已经成为定规了，尾巴卷成喇叭状，两只手拉着很大的雌性伴侣，悠闲地在玻璃墙根周围散步。一圈走完，再走一圈，时而沿着相同的方向，时而又掉头拐弯。

它们走一会儿，停一会儿。停下来时，它们头碰头，一个偏左，一个偏右，好像正趴在对方耳边谈话。前面的细足爪不停地来回扭，似乎正迫不急待地想要抚摸对方。它们之间在说些什么？怎样才能把那些没有声音的祝婚词译为我们

名师指津

任何规律的得出都离不开人们的思考，作者就非常善于做出总结和思考，这一点非常值得我们学习。

名师指津

连续的两个问句表明了作者对它们急于探索的心情。

137

能听懂的话语呢？

　　一家人都前来观看这奇特、怪异的拉扯情形。尽管这么多人在场，却没有对它们此刻正进行的事情带来干扰。这对蝎子看起来非常亲热，不过它们的感情流露却一点儿都不夸张。在光亮下，它们成了半透明体，全身都蒙上一圈光环，好像是雕刻在黄琥珀里边的。

　　没有什么东西打扰它们。不知道哪个在外面乘凉的流浪汉，也和它们一样，正沿着围墙散步，忽然和它们碰了个头，不过发现它们正干着风流韵事，就自行留出路来，让这二位没有阻碍地通过。后来，一个瓦片客栈招待了这二位散步情侣，接着，不用说就可以明白，雄蝎又退着先钻到里面去。这时，已经是晚上 9 点。

　　这样的一幕让我感慨，黄昏真是纯真美好的田园诗！随后而来的夜晚，却出现了惨不忍睹的悲剧。到了第二天清晨，我去揭开昨天晚上那块瓦片，看见雌蝎仍旧留在那儿。但既瘦又小的雄蝎，却早就化为亡魂，一小部分身子被吞吃了。雄蝎的头部、一只钳爪和一对足爪都没有了，我把已经不再完全的尸体放到蝎舍门槛前面，使它出现在我的视野当中。足足一天，雌隐士也没有过去碰它一下。等晚上再次来临，那隐士钻到外面来，碰到死者，就把它拖到了很远的地方，然后在那严肃地举行丧礼，说得更确切点就是把死者全都吃掉。

　　说起来，这残酷地吞吃同类的举动是和第一年我在室外昆虫小镇上看见的事情相符合的。当时，我不断地在乱石底下发现，一只挺着大肚子的雌蝎，把同居伙伴当成宗教仪式的菜肴，饶有兴味、随心所欲地吃着。那时我曾认为，那雄蝎

●名师释疑●

惨不忍睹：凄惨得叫人不忍心看，形容极其悲惨。

只要履行职责以后没有时间逃跑，那么照女主人食量大小，它会被全部或者部分地吞吃掉。现在，真的可以说是眼见为实了。

前一天，我还看到两口子按照惯例进行各种预备活动，比如，先是漫步，接着进入住所。然而今天清晨，当我前去观看它们的时候，就在前一天那块瓦片底下，新娘却正在把新郎一点点地吃掉。

前面提到的那位倒霉者终于熬到头儿了，但是，出于种种需要，还有另外一些倒霉者暂且没有被吞吃掉。今天清晨发生悲剧的这对伴侣，已果断、迅速地把事情结束了。但是，就在这同时，还有这样一群伴侣，尽管时针已经转了两圈多，但是它们那些讨好的话和沉默思索阶段依旧没有结束。这与不能掌握的外部情况，或者称为外部氛围因素有关，比如气压、气温、每一只昆虫个体不一样的发情状态，等等，这些因素都会很大程度的加快或者延长每例交尾高潮的到来。因此，观察者想知道的爪梳的作用，只能希望正确地抓住机会，然后一网打尽，当然，这无疑也是非常困难的。

5 月 14 日

这群蝎子每天晚上都极其兴奋，所以我认为，这不是因为饥饿，因为它们一到晚上就围着圈跳舞，一点儿寻找食物的意思都没有。刚才我向这群有要事在身的蝎子之中放了各种各样它们最喜爱的食物，其中有幼蝗虫的鲜肉块，有比普通蝗类中肉厚的小飞蝗，还有没了翅膀的尺蛾。因为季节渐渐变暖，我捕到了它们喜欢吃的蜻蜓，还有蚁蛉成虫，然后把它们都一块儿调好加进了食料。可是，对这么丰富的野味，它们却一点都不在乎，没有哪位急着吃。

瞬间，笼子内爆炸了，小蝗虫又蹦又跳，尺蛾用残翅扑打地面，蜻蜓在旁边哆嗦。但是蝎子们却连看都不看地从活食身边经过，完全不把这些美味放在眼中。它们甚至干脆把活食撞翻，然后踩着走过去，用尾巴一下子把食物扫到远处。说到底，它们就是根本用不着，它们要干的是其他的事情。

绝大部分蝎子，正顺着玻璃围墙爬行，有几位性情执拗的非要往高处爬，它们找到一处墙根，用尾巴把身子撑起来，尝试着爬玻璃，没有爬几下就跌下来，然后去另一个地方接着尝试攀登。它们怒气冲冲地用拳头敲打着玻璃，打着打着又有了离开的想法。这公园确实很宽阔，哪个都有属于它们自己的一小片天地。园内的小路，什么时候都可以供大家徒步旅行，它们如果想长距离闲荡的话，在这里就可以开始。假如消除对它们的约束，它们就会消失在各个方向。第一年，同样是这个时候，围墙里的移民们就私自脱离队伍逃脱，从昆虫小镇离开以后，再也没有看见它们的影子。

春天交配期内，蝎子们一定要出外游历。因为在这以前，它们始终过着寂寞的生活，日子非常穷困。如今丢下小单间，去结束爱情巡礼，它们可以不吃也不喝，但励志要找到自己的同类。在蝎子们的领地上，经常有一些处在石块之间的地方，情人在那儿约会，蝎群在那儿聚拢。如果不是害怕黑暗中在它们的小石头山上把我的腿脚给摔折了，我还确实想去参加它们的夫妻聚会活动，仔细品味自由的各种味道。它们到一片荒芜的山坡上去做什么？很明显和在玻璃围墙以内做的事情没有任何区别。雄蝎给自己选择一位新娘，由自己带领，它们手牵手，长久地在熏衣草丛中穿过。在那儿尽管无法感

名师 指津

作者运用拟人的修辞，表现了蝎子为了找到伴侣坚持不懈的行为。

名师 指津

用设问的方式，引发读者思考，使文章更有起伏和波澜，更能激发读者的阅读兴趣。

受到我这光线黯淡的小灯的美好光晕，但是却有月亮，月亮就是它们的绝无仅有的挂灯。

5月20日

雄蝎刚开始邀请雌蝎漫步的一幕情形，并非天天晚上都能够遇到的。各种各样的蝎子由石片底下出现的时候，都已经成为两口子了。整整一个白天，它们都在石片底下度过，全都是手指夹手指，一动不动地脸对脸站着，陷进沉思当中。到了夜里，它们身形相随地顺着玻璃墙转圈，接着进行前一天晚上，甚至还要早以前就已经开始了的漫步活动。人们不知，它们到底是什么时候，又是怎样结合到一起的。它们之中，有的是在交通不便之处的通道上偶然相遇，我们要想发现这个细节很不容易。当我发觉这些蝎子的行动的时候，已经晚了，它们早已是在双双而行了。

今天我很走运，就在眼前，光亮较强的地方，一对情侣结合了。一只满脸兴奋的雄蝎正疾步穿过蝎群，忽然和一只经过的雌蝎碰上了，并且彼此有意。雌蝎没有表示回绝，事情进展得很顺利。

它们额头靠额头，分别用钳子在地面吃着劲，两条大尾巴大幅度摇晃一阵。然后，尾巴全都竖立起来，尾梢搭在一起，彼此温和地抚摸。这样的倒立姿势，前边已经说过。时间不长，一起搭竖的支架放倒了。双方的钳指仍旧握在一块儿。往后再也没有出现新花样，夫妻二人上了路。搭好金字塔休息一会儿，这是延长徒步旅行的序曲。这种休息片刻的方式很普遍，甚至一对同性蝎子也采取和这完全相同的方式。但是一对同性搭架的姿势不怎么正规，尤其是不怎么严肃。同性搭架的时候看起来很是匆忙，并不用此来谈论爱情。它们彼此拍打一顿，而并非抚摸对方。

我们继续看那只雄蝎。它兴高采烈地向后退着，带走自己的情人，心里充满着征服这样一位情人的自豪感。途中碰到一对雌蝎，它们列队亮相，分别展现自己的吸引力。它们看着这一对情侣，眼睛直勾勾的。也许是出于嫉妒吧，队列中跑出一个，扑到正被拉着往前走的雌蝎身上，用爪子抱着它，极力拖拽，阻止雌雄结合体的前进。那雄蝎用尽全身力气，克服坠力——晃动不行，拖拽也不行，难以行进。不行就放弃了，它一点儿都不因意外事件的出现而觉得惋惜，索性放弃了这场竞争。就在一旁，还有一只雌蝎呢！这一次，蝎大哥只粗鲁地招呼一声，再也没有了任何爱情表示，拽着雌蝎就邀请它一起散步。蝎大姐哪儿肯服从？再三表示反抗，最终挣脱开，逃跑了。

雄蝎又采用无礼的方式，喜欢上了在那儿出于好奇而观看的雌蝎队伍当中的一位。这一位答应了，不过这根本不能说明，它在途中一定不会由勾引自己的雄性身旁逃走。事实上，对这年轻的雄蝎而言，再丢掉一位也没有多大的关系！丢了一位，还有很多位，它们就在那儿等着。那么到底它应当得到什么样的呢？它应当得到的，就是那个第一位投进怀抱的姑娘。

唔，第一位情人真的被它找到了，你看，它正带着被自己所迷住的那位蝎姑娘。此时，雄蝎恰好在光亮区内行走。雌蝎不想走，雄蝎摆动着身体拽它。如果雌蝎乖乖地服从，雄蝎的动作不会很重的。雄蝎不断地停下来喘息，有的时候歇息一次需要很长时间。

此刻，雄蝎正全神贯注，从事一项奇怪而特有的操练。

它把双钳，应该说，它把两臂先收回来，接着再伸出去，强制性地使雌蝎按不同的方向，跟随它一块儿做伸缩交替的游戏。它们把自己变为一个由节肢拉杆构成的机械系统，处在运动状态的矩形拉杆系统，形成不停地张开闭合的态势。敏捷性训练完成，机械拉杆停住不动了，而且就这么保持下去。

此时，两方的额头靠在了一块儿，两张嘴彼此倾吐着表达自己的情意。为了能够表达出这抚爱的深情，它们很想亲吻和拥抱。但是，它们不敢这么做，它们没有头、脸面、嘴唇和腮帮子。甚至就像被整枝剪剪了一下，这个动物连鼻翼都没有。在应该长面孔的地方，它们长的却是难看的平板颌骨。

但是，这个时候到底是雄蝎的美好的时刻！只见它操起反应最快的第一对足爪，用这两只柔嫩的小手，慢慢地敲打对方极其难看的面具。在它眼中，这丑陋的面具就是幸福的脸蛋儿。它万分高兴地轻轻咬着，用自己的下颌搔弄从对面伸过来的那张嘴，虽然我们认为那张嘴也一样难看。温和与纯真，这时候达到了最高境界。有人说，接吻是由白鸽发明的。我知道有一位比白鸽还要早的发明者，那就是蝎子。

小宝贝儿任由摆布，不过根本不是主动的，它可能还抱着想要逃跑的想法。怎样逃掉呢？十分简单，只见雌蝎用尾巴做棍子，照着有着高涨热情的雄蝎猛击一棍，正好击在手腕上。只这一瞬间，雄蝎放开了手。接着，相互各走各的路。第二天，气下去了，它们又会牵手言欢。

5月25日

猛击一棍，反而让我们知道了一个事实，那就是，刚开始看起来顺从的雌性伴侣，实际上是喜怒不定的，会执拗地

◈名师释疑◈

颌（hé）骨：构成口腔上下部的骨头和肌肉织上部叫上颌，下部叫下颌，颌部的骨头为颌骨，它分为上颌骨和下颌骨。

名师指津

作者继续用拟人的手法，运用活泼的语言，将这对蝎子比作一对时而吵架时而和好的小情侣，让读者在趣味中了解它们的生活和交配方式。

名师指津

作者运用精炼的语言，向读者展示了一个转折，引出了下一个实例的记叙。

反抗对方，说分手就立即分手。请看下面这个实例。

一对相貌堂堂的情侣，今天晚上正在漫步。它们找到了一块瓦片，看来比较满意。雄蝎把一只钳子松开，只是松开一只，为了行动自由点儿。它操起几只足爪和尾巴，弄出一个洞口，钻到了里面。随着住宅的空间往深处扩展，雌蝎也一步步地跟着走了进去，最好说是自己顺从地跟着走了进去。

也许地址和时间依旧不怎么合适，雌蝎不久又在洞口出现了，半个身体退到门外面，企图由对方手中逃脱。对方隐藏在里边，用力地把它向门里拉。严重的争论出现了，一个在斗室内使劲，一个在门外面用力。两方各有进退，结果战平。最后，雌蝎猛地一用力，反而把那雄蝎从洞里拽了出来。

另一对情侣又在洞外面出现了，不过两双手依旧拉在一块儿。漫步再次开始。整整一个小时，它们顺着玻璃墙不停地来回转，后来到了一块瓦片跟前，正好就是方才的那块瓦片。瓦片底下的通道已开通，雄蝎直接钻到里面去，然后疯狂地向里面拖拽。雌蝎在门外极力反抗，把足爪伸直，插入土中，翘起尾巴，顶着拱门，宁死都不想到里面去。看见这反抗，我并不感到扫兴。想一下，没有序曲和花絮，交尾会是一件怎样的事情呢？

瓦片底下的诱骗者坚决不让，后来，它的把戏成功了，抗拒者终于被制服。雌蝎跟着进入洞里。此刻正好是十点钟。看来，今天夜里余下的时间内，我必须瞪大眼睛守着，一直等到它们分手。我将瞅准机会揭开瓦片，观看下面发生的事情。终于估计到一个机会，我们利用这一时机瞧上一眼。看见了什么？

看见的，仍然是原来的样子。又过了正好半个小时，极力反抗的蝎姑娘逃脱了，由黑暗的洞穴中现出影子，然后逃之夭夭了。雄蝎由住宅深处追赶出来，在门前站着观望。蝎姑娘由自己手里跑掉了，它极其狼狈，无可奈何地转身返回屋内。说实话，它上当了。我和它一样，也上当了。

现在，6月已经开始。

因为害怕光线太强会让这虫类觉得不安，我始终都把提灯挂在玻璃笼外边，而且和笼壁之间保持一段距离。不过光线过暗，蝎两口子漫步时牵引方式的一些细节难以看见。二人在手牵手的运动中是不是都采取主动？它们的钳指是不是彼此绞合在一块儿？这一方面非常重要，应当弄明白。

我把提灯放在笼子正中间，周围的一切都看得清清楚楚。蝎子们不仅不害怕强光，并且还因此变得兴奋起来，在提灯周围奔跑。有几只甚至想爬到提灯上，距光源还要近点儿。它们凭借玻璃灯罩的框架，真的爬到上面去了。它们紧紧地抓着马口铁片的边缘，坚持继续向上爬，脚下打滑不要紧，总算爬上灯顶。它们在上边站着不动，身子的一部分贴到玻璃上，一部分撑在金属片上，整个晚上都在欣赏奇异的景象，想要得到那灯具所拥有的光荣。它们使我想到了大蚕蛾，我曾看到大蚕蛾趴在电灯的反光板上面，在那儿呆呆地愣着出神。

凭借提灯下面的一片强光，一对雌雄蝎子正把握机会倒立搭架。它们用尾巴亲密而热情地打逗一番，接着开始行进。我看到只有雄蝎独自起作用。它用所有钳子的双指，夹着雌蝎和其相对的钳子的双指。这就代表着，只有它一个在用力保持二者的衔接，只有它一个能够照自己的意愿随时解除牵引，即松开钳子。雌蝎没有办法，它是被抓的，骗它的贩子已经为它戴上了拇指铐。

名师指津

作者将自己和蝎子等同来看，说明了作者对观察蝎子这件事的痴狂。

◀名师释疑◀

大蚕蛾：属大型蛾类，翅色鲜艳，翅中各有一圆形眼斑，前翅为直角三角形，后翅肩角发达，某些种的后翅上有燕尾。

比这还要细小的情节，就很难看见了。不过我曾经看到，雄蝎抓着情人的两只胳膊用力拽。还看到过雄蝎一起抓着对方的一只足爪与那条尾巴，毫不客气地生拖硬拽。被这么无礼拖拽的雌蝎，提前曾利用自己的钳爪抗拒过，最后，从来不知道轻点儿的冒失汉子，把蝎大姐推倒在地上，胡乱插上了自己的双钳。这种事情的性质非常清楚，属于要挟行为，是蛮横的拐骗。这雄蝎的表现，就像干强迫萨宾妇人的罗慕鲁斯王的手下们。

在生活中碰到难题的时候，依赖书本中的知识只能算是下下策。持之以恒地与现实进行切磋研究，比关在气象万千的书中更有利于处理问题。通常情况下，还是无知更好。头脑保持探索钻研的自由，人就不会走进那些书本所提供的某些无路可走的迷途。

近来，我又领悟到了这点。一位自称为大师的人，曾描写过一篇关于解剖学的学术报告，我从中获知，朗格多克蝎每一年的9月份有分担家庭的职务。回想起来，刚开始没有翻阅那篇报告该有多好啊！只谈我们这一地带，朗格多克蝎的生长期比报告中谈论到的要提前很长一段时间。幸亏教授这门课的时间并不长，要不然的话，假如我确实等到了九月份，那就什么都发现不了了。但到第三学年，为了能够等到我觉得意义重大的那一场景，自己也说不清经历了多少个单调乏味的日子。外界环境并没有出现不正常的现象，我却糊里糊涂地失去了最好的机会，毫无意义地耗费了一年的时光，甚至放弃了已经选好的科目。

无知倒有可能获益，远避熟路或许有新的发现。这是今天的一位名望很高的名师告诉我的。一天，我没有任何准备，巴斯德敲响了我房间的门，也就是那个时候很快要名声显赫的巴斯德人。我当时早已知道了他的名字。我曾经看过这位学者就酒石酸不对称理论所做出的优秀研究，还以极大的兴致，长期关注过他对于纤毛虫纲生殖这一问题的探索。

任何一个年代，科学家都在某一科学研究上有自己的遐想。我们现在要关注的是变化论。而那个年代，人们所研究的是自生论。借助自己做出有无细菌的烧瓶的决定，根据自己那些严密而简单的巧妙试验，巴斯德让一条没有真谛的狂妄论永久消失了。那狂妄论中肯定地说，腐败物内在的某种冲激性化学反应，可以诱发出生命力。

那个有争论的话题被巴斯德这么成功地澄清，关于这件事我很早就听到过。因此那天，我怀着很大激情，迎接赫赫有名的来访者。学者来访，第一个目的是请教我几个问题。我能够有这样意想不到的名誉，应当归功于我的地位，也就是，物理界和化学界的一位同行。我只是他的一位不值得一提的无名同行而已。

巴斯德这次巡查阿维尼翁地区，目的是想了解有关养蚕业的一些事情。几年以来，各个蚕场都惊恐不安，因为遭遇到一些从来都没有发生过的灾难，养蚕业展现出一派衰败的场景。不知道为什么，蚕虫腐烂，毁灭，接着变得坚硬无比，最终都变成了裹着一层石膏外壳的蚕仁硬皮豆。农民都目瞪口呆了，眼睁睁地看着自己的一项重要收获，就这样落空了。他们花了很多精力和财力，可最终还是把房间里的蚕全部倒在肥料堆上。

我们针对灾难延伸这一话题，进行了一次交谈。谈话的内容直截了当。

"我想观察一下蚕茧。"来访者说，"我只知道它的名字，却从来没有看到过这种东西。您能帮我弄到它吗？"

"非常好办。我的房东恰巧正在做蚕茧买卖，他家就在隔壁。请稍等一会儿，我现在就去帮您把这东西借来。"

没有走出几步，我就来到邻居的家里，把蚕茧装满了衣袋。回来以后，我掏出蚕茧让学者看。他拣起一个，放在手里不停地翻来翻去。他认真地看着，那副好奇的表情，好像我们察看一件从世界另外一个半球弄来的奇异珍品。接着他把蚕茧放在耳畔摇晃了几下。

"有声音。"他说，"这里边有什么东西吗？"

"没错。"

"是什么？"

"蛹。"

"你说什么，蛹？"

"啊，那东西就好像是一种木乃伊，蚕虫化作蛾子以前，就是在那儿度过变形期的。"

"是不是任何一个蚕茧里都有这个东西？"

"那当然，蚕要吐丝和织茧，目的就是为了保护蛹。"

"噢！"

他没有再多说什么话，只是把蚕茧放到自己的衣袋里。后来，他就在无事可做的时候，向这类重要的新生物——蚕蛹领教。他表现出超乎寻常的自信心，让我大吃一惊。对于蚕、茧、蛹、变形这所有的情况，他都一概不知，但却来为蚕虫谋求新的生命。古代的体育教头们，格斗时是赤裸裸的。特意与养蚕事业的各种灾难进行斗争的这位吉尼亚尔，前赴毁灭战场时，也称得上是赤裸裸的。因为他对于需要从灾难中搭救出来的昆虫，就连基础的知识也不知道。巴斯德让我感到震惊，准确地说，他让我连声称赞。

再后来，我不觉得惊讶了。巴斯德转而关注起另外一个问题，即经过增加温度来改变酒质的问题。他突然间提到这个话题：

"让我看一下您的酒窖。"

我的那个酒窖，归属于一个贫穷者的酒窖。我拿着教师那很少的一点儿工资，根本无力支付几口酒钱，前段时间把一把红糖和一些苹果丝放入一只坛子里发酵，用这种办法，为自己制作一种带有酸味的低劣酒。我的酒窖！想看看我的酒窖！怎么不说去看我的酒桶，不说是看看我标明的时代和出产的地方，堆满尘土的古老酒瓶？他非要看看我的酒窖不可！

我觉得有点儿奇怪，想避开他的请求，于是转换一下谈话的内容。但是他却死死地追问道：

"让我看一下您的酒窖吧，请求您让我看看。"

对这样坚定的请求，你是无法拒绝的。我指给他看厨房一角的一张没有椅垫的椅子，那上边摆放着一个容量大约可以放 12 升东西的大肚坛。

"那就是我的酒窖，先生。"

"您的酒窖，就是这个吗？"

"我没有其他的酒了。"

"都在这里？"

"没办法！是的，都在这里。"

"噢！"

作者用几个感叹句表达了内心的惊讶和纠结，也诚实地表达了由于当时自己经济拮据，不想让外人了解这一事实的心情。

他没有再继续说什么话，学者没有提出什么观点。可以看出，巴斯德并不知道，如今那里盛放的，是被老百姓称作"烈性母牛"的一类作料充足的蔬菜。毫无疑问，有关利用升温来控制发酵素的问题，我的酒窖，即那把旧椅子和那个敲击起来发出空洞声响的大肚坛，它是无法回答这一切的。可它强有力地证明了另外一件事，而我这名声显赫的来访者明显没有听明白。一种微生物从他的眼前逃过去，并且是最令人恐惧的微生物的一种，即：摧残人们刚强斗志的"厄运"。

虽然酒窖的片段让人心中很不舒适，可一点儿也不影响我对巴斯德那自信的感叹。他并不了解昆虫的变形过程是怎么一回事。他先前是生平第一次看见蚕茧，知道它里面有一个东西，那是将来蚕蛾的胚形。就连我们南方乡村小学上一年级的孩子都明白的事，他却一无所知。但就是这位初学者，没过多久就彻彻底底改变了养蚕场的卫生情况，接着又彻彻底底改变了医疗和环境卫生的情况。

他用的工具就是思路，是丢弃枝梢、立足整体的思路。变形、成虫、蚕茧、蛹壳、蛹虫，等等，还有数不胜数的昆虫学细致入微的秘密，这所有的一切对于他来说无关紧要！处理他的问题，以不知道这些为妙。思路这种东西，能够更加有效地保持自立思维和勇于起飞的精神。因此，它的行动将会更加自由，将能超越已知世界的边缘。

巴斯德无比惊讶地用耳朵倾听着蚕茧的响声，这种行动实际上就是一种伟大的范例。受到这一范例的激励，我已在我的昆虫学钻研工作中，把无知法当成一条必须遵循的准则。我很少去翻阅书本。与其去翻阅书，采取我没有能力承担的

名师释疑

微生物：体型微小，构造简单的生物的统称。绝大多数个体用显微镜才能看到，广泛分布在自然界中。

名师指津

要解决问题，必要的概念是需要弄清楚的。但除此以外，宽阔的知识面能帮助人更好地了解不懂的东西。

高消费形式，与其请教于他人，还不如坚持不懈地和我所研究的对象独自待在一块儿，一直等到最后能够使它张嘴讲话为止。我一无所知，但这才好呢，只会使我对虫子提出的问题更加自由。我可以依据得到的启示，今天按照一种思维方式了解情形，明天按照不同的思维方式了解情形。假如有的时候我去翻看书本，那是我在想方设法地在脑海中刻意制造疑惑。

　　就是由于那个时候缺少这种预见能力，那年差点儿徒劳耗费整整一年的时光。当时，源自于对阅读的信任，我没有在9月份以前去等待朗格多克蝎的家族。但现在却在不经意中，在7月份看到了它的家族。真实日期和理论作日期中间的这个差别，我觉得是由于地区差异而引起的：我今天是在普罗旺斯展开观察工作，而那位当年给我提供消息的莱昂·杜福尔先生，则是在西班牙展开观察工作。虽然老师的确有相当高的权威，可我当时思量还是留一手为好。假如不是凑巧常见蝎种——黑蝎为我带来了情况，那么在失去独自思索的情形下，我一定会错失观察朗格多克蝎家庭的良好时机。仔细回想起来，巴斯德不知蚕蛹是什么东西这件事，蕴含着非常深的真理啊！

　　常见的黑蝎比朗格多克蝎的身体形状要小，也没它那样喜欢动弹。我曾经在工作间的桌上摆着一些不算太大的广口瓶，那里边养常见蝎，以用来做相互对照的蝎子种类。这些平平常常的容器根本不占什么空间，并且有利于观察，我天天都可以去观察它们。清晨，在开始填写记录簿以前，我总忘不了打开食客们躲藏身体的纸壳片，了解夜间发生了什么样的情况。可这种每天观察的方法，对通过大玻璃笼来观察的我说不怎么现实，因为笼子里有很多格室，假如一格格地

名师指津

作者并没有完全否认阅读在学习中的重要地位，而是强调不要拘泥于书本，不要让书籍中根深蒂固的观念封闭我们自由思考的道路。

挨着察看，无论怎样灵巧地恢复到原来的样子，也一定会在笼子里引起骚动。而广口瓶盛放着的黑蝎就相对方便些，观察一遍只需要一会儿时间。

有一次，直系后代和母亲紧紧相随的场面，突然展现在我的眼前。7月22日，清晨大约六点钟的时候，我打开黑蝎的纸壳遮蔽室，看到一只母蝎背上拥挤着一些小蝎，看起来好像披在母蝎身体上的白色短斗篷。我心中一下子产生了一种美滋滋的满足感，这种让人感到欣喜的时刻，观察工作者要间隔很长一段时间才能够遇上一次。这是我有生以来第一次看见雌蝎把幼蝎"穿"在身体上的宝贵情景。蝎妈妈刚刚结束分娩，可能是在夜间进行的，因为前天晚上它身上还是光滑的。

不仅如此，还有其他的收获期待着我呢。第二天，又一只蝎妈妈被孩子们盖上白斗篷。第三天，又有两只蝎妈妈披上了白斗篷。到这儿总共有四只了。在我最高的希望中，也没这么多。同四只母蝎的四个家族在一个地方，安静地过了几天，你会觉得生活添加了各种各样的温暖气氛。

如今，运气还像往常那样帮助我。从在广口瓶中得到那第一次发现以后，我就想起玻璃笼里情况来。现在我正琢磨，朗格多克蝎是不是不像黑蝎那样早成熟。不必想了，快点儿去看看是为什么。

二十五块瓦片全都打开了。啊，成就显著！我认为老血管中有一股激烈的热流在翻腾，那是股熟稔的热流，流动着我20岁时的热情。二十五块瓦片中，有其中的三块下边发现了正照料着家庭的母蝎。一只母蝎的孩子们已经开始成长，它们长了有一个礼拜，如果我接连不断地观察，早就应当知道这些情况了。另外两只母蝎刚刚生产还没过多久，是在前一天的夜间，因为大肚皮下面还生怕有残留物。要说残留物能够表明什么样的问题，我们过一会儿再说。

7月份过完了，8月份、9月份又相继过去了，再没有获得能够为钻研资料填充新知识的结果。从这就可以得到，两个蝎种的生长期都是在7月份的后半月。7月刚过，所有的一切都终止了。但是，留在笼子里的寄居客中，还有一部分大腹便便的雌蝎，它们的身材，就像已经生下蝎宝宝的母蝎生产以前那样。我总是认为，它们也要给蝎类的居民添加人口了，从外表上看，哪儿都让我认为会是这么回事。冬季来了，它们没有一位对我的等待做出回应。这件看起来会马上发生的事情，结果居然延迟到第二年。这个新的事实表明，妊娠期是漫长的。这个漫长的妊娠期，在低级动物中确实很少看到。

名师指津
作者通过总结，向我们阐述了蝎子的生产期和生长期的时间段。

容器的空间小，有利于细致入微的观察，所以我把每只母蝎和所生出的幼蝎，一并单独安放在一只比较小一点儿的容器中。清晨观察的时候，夜间产仔的母蝎，肚子下面还隐藏着一些幼蝎。我用稻草尖掀开母蝎，在还没有爬到母背上的幼蝎堆中看到一些东西，而这个发现，完全推翻了我阅读到的书本中关于这些情况做出的不求甚解的观点。有人说，蝎类是归属于胎生动物的。这种说法，根据表面的论述是有一定的见解，但缺少的是确切性。事实上，幼蝎并不是一生下来就具备我们所熟识的那种样子。

这点，从理论上来说，也是勉强说得过去的。但由实际情况观察，你怎么可以想象，宽大的钳子，伸着的足爪，还有弯曲着的尾巴，这些东西能够钻进母蝎那狭小的通道吗？

名师指津
作者用事实推翻了这种关于蝎类的生殖方式的说法，与此可见，任何结论的得出都必须有事实为依据。

这有碍于活动的小动物，或许永远都不会通过那条身体里的窄小通道。它出生时，一定要包起来，也不占据多大地方。

在母蝎的身体下面看到的残留物，就是所谓的卵，它们和蝎子妊娠很长时间的卵巢而获得的蝎卵，几乎没有什么不一样的地方。小幼蝎，以节约空间的方法，收缩成米粒形状的东西，尾巴依次在肚皮上，双钳回折在胸口前，几对足爪紧紧地贴在腰的两侧，这么一来，椭圆形的小生命团就可以灵便地滑行，不至于出现一会儿畅通，一会儿受到阻碍的情形。脑门儿上的小黑点，也就是是幼蝎的眼睛。幼蝎悬浮在一滴晶莹剔透的液体中，现在，这就是它的天地和大气，大气外边包围着的是一层奇妙的薄膜。

那些残留物，就是真正的卵。分娩刚完成的时候，朗格多克蝎母蝎的身旁有三四十个卵，比黑蝎母蝎的稍微少一点儿。令人失望的是，在我去察看夜里分娩时，已经太迟了，只赶上最后。然而，剩下那寥寥无几的卵粒，也足够让我相信这一切了。蝎类其实是卵生动物。只不过是卵孵化期的时间非常短，母蝎产卵刚刚完毕，幼蝎便破卵出来了。

幼蝎是怎样脱身而出的呢？我当然也有亲眼看到这一经过的资格。我发现，母蝎用大颚尖钳起卵的薄膜，撕破它，再撑开，然后吞下去。为新生儿脱胎衣的时候，它非常小心，表现出母羊和母猫舔胎衣时那种关爱的细腻。虽然工具那么粗糙，可刚刚成形的小肉体却既没有划伤到皮肉，也没有扭撞到筋骨。

我又觉得吃惊：蝎类是第一个把与人类相像的母爱传给有生命力的动物。早在石炭纪植物区系时代，在第一只蝎子出现的时候，那生育后代的各种关爱的心，就已经开始酝酿了。

与休眠种粒的卵不相上下，那个时候爬行动物和鱼类已经具备，很快鸟类和几乎所有的昆虫也具备了卵，再以一种奥妙无穷的有机体形态相继而出，谱成为高级动物出生现象的一部乐曲。到这儿，生命胚胎的孵化，不是在身体外部种种事物阴险冲突的条件下完成的，而是在母体的腰部里完成的。

生命的进化并不是遵照步步前进的过程，不是非从恶劣进入较好，然后从较好进入最好不可的过程。进化是以跳跃的方式完成的，时而出现前进，时而也出现后退。就像海洋也有涨潮、落潮。生命又是另一种海洋，它比水的海洋更加神奇莫测，也有过涨潮、落潮。生命以后还会不会有涨潮和落潮呢？谁能够说还会有？谁又能够说不会再有？

假如母羊不用嘴唇摘掉胎膜并一块儿吃下这种手段照顾羊羔，那么，羊羔在任何时候都无法从褓褓中挣脱出来。一样的道理，仔蝎也希望拥有母亲的帮助。我看到有的仔蝎被黏膜粘住，在已撕破的卵囊中茫然挣扎着，但却怎么也解脱不出来，虽然囊袋薄得就像葱的内壁的皮膜一样。

雏鸡的嘴巴尖上裹着一层很短的坚硬茧子，帮助它出世的时候啄开蛋壳。仔蝎则不是这样，它蜷成不占任何空间的米粒状，无所事事地期待外界的帮助。所有的一切都由母亲来完成，力求更好地工作。分娩的过程中连带着一块儿排出的东西，它都清扫洁净。就算是跟随其他的混合在正常蝎卵中的，很少的未孕卵，它同样不放过一粒。碎衣破布之类的残留物，根本看不到了，全都回到母亲的肚子里。

产卵占用的那块地方，整理得非常干净。我们所看见的，是母蝎精心做过挑选以后留下的幼蝎，它们全身干净，毫无

名师指津

作者把生命比作海洋，生动又形象。

名师指津

将雏鸡和仔蝎作对比，表明了蝎子母亲的任务繁重，赞扬了蝎子母亲的伟大。

拘束。它们此刻是白颜色的，从头到尾的身体长度，朗格多克蝎是九毫米，黑蝎是四毫米。既然脱胎清洁已经做完，幼蝎们就共同开始了爬行活动，这里一只那里一只地爬向母亲的脊背。它们沿着母亲的钳子，不慌不忙地往高的地方爬去。母蝎始终都保持着双钳挨着地面的动作，为小宝宝爬到自己的身上服务。幼蝎一只只地集合在一块儿，在盲目地混合排列队伍的过程中，形成了母蝎后背上的一片遮盖物，并且面积在渐渐扩大。它们借助自己的小爪子，牢牢地趴在母蝎的身体上。

我尝试过对这些柔嫩的小生灵加些野蛮性的举动。此刻，驮兽和驮载物都静止不动了，这就是开始试验的有利时机。

母蝎的身体上穿着由子女们组合而成的细布白斗篷，这种场面的确有必要观察一番。母蝎保持一动不动，把尾巴高高地翘卷起来。我把一根稻草拿到蝎子一家的旁边，母蝎马上抬起双钳，表现出一股愤怒的气焰，这种神态只有在拼命自我保护的时候才偶尔能够看到。它挥动着双拳，摆起拳击的架式。那钳口张得非常大，预备着时时刻刻去还击。尾巴还是翘着，不再摆动，这种动作往常很少看到。或许是担心脊背产生震动，会把身体上的驮载物抛下一些来，它没有把尾巴猛地平放下去。对它来说，只要有拳头，就足以造成威胁了，就足够凶猛，足够突然，足够<u>威风八面</u>了。

雌蝎一时的盛怒，我并不觉得惊奇。我拨下一只幼蝎来，放在母蝎离它只有一指宽的地方。母蝎就像并不在乎这桩事情一样，先前静止不动，此刻还是纹丝不动。落下个小东西，有什么必要一惊一乍呢？落下去的小蝎，自己可以摆脱危险的困境。只见它先做了很长一会儿手势，一点儿也不着急。后来才发现，身边就有母亲的一只钳臂，马上快速爬到上面去，再次回到兄弟们当中。它再次骑在马上，可它的行动并不敏捷，根本不能和狼蛛子弟们的灵敏程度相比，那蛛类的儿女，一个个都是高空杂技技术精湛的马戏演员。

试验又做了一遍，规模要比先前那次大。这次，我把驮载物中的一些拨下去。幼蝎摔落得散开了，可落得并不远。然后出现的是茫然的场面，并且保持了很长一段时间。孩子们不知道应当往什么地方爬动，不停地来回转圈，母亲终于对此刻的状况感到担忧了。母蝎用两条合抱成半圆形的胳臂，首先刮干净地上的沙粒，因为这样可以把丢失的孩子带到自己的身旁。这个动作确实笨拙，透露出粗鲁的个性，一点儿也不在乎会不会把小宝贝碾碎。

名师指津

这又是一个新的试验了，作者通过这句话将读者的思路又拉到了最初。让我们一起来期待这次的试验吧。

只需要一声温柔的呼唤，走开的小鸡就会回到母鸡的怀抱里。但母蝎要搂上一下，才能把幼蝎聚集在一块儿。还不错，所有的幼蝎都平安无事。它们一触摸到母亲，就马上爬上去，再次集合起母背集团。

哪怕是从来都不认识的孩子，母蝎同样会像待自己亲生的儿子那样，接待它成为自己背上集团的一个成员。假如用毛笔当扫帚，把一只母蝎的整窝后代或者一部分后代从它的身上赶走，接着把它们放在正照看自己孩子的另外一只母蝎的附近，那这一只母蝎就会把它们用双臂搂到一块儿，就好像搂的是自己的亲儿子一样，让新到的孩子们爬在自己的身上。也可以说，这只母蝎把它们"收养"了起来。

狼蛛则昏头昏脑，分辨不了自己的家和其他同类的家；只要是在自己身边晃动的小狼蛛，母狼蛛都抱有热烈欢迎的态度。

在地中海这一领域，经常能看见母狼蛛的背上驮着成堆的幼蛛，在一类常绿的矮灌木丛中闲逛。我曾以为母蝎也会像狼蛛那样，驮着孩子到外面漫步。但雌蝎不知道这样的消遣方式，只要当了母亲，在通常情况下，雌蝎都不再离开家门。甚至在晚上，当别的同类都出去玩时，它同样待在家中。它把自己关闭在小单间里，把自己全部的精力都投入到养育儿女的事情上。

其实，小精灵们还需要经历一次艰辛的苦难，毫不夸大其词地说，它们一定要再出生一次。如今，它们正在干一件勤勤恳恳的工作，这工作就是昆虫由幼虫迈进全部变态后的成虫。幼蝎的外表尽管同成虫非常相似，可线条的轮廓还是不够清楚，其形象好像是通过水蒸汽看见的那样。可以猜想出，它们需要脱掉那套幼儿的服装，才能够长成长长的身体，得到清楚的容貌。

这件脱去外套的工作，要求幼蝎在母蝎的背上待八天。在这段时间里，幼蝎完成了"弃皮"的工作。我认为，说"蜕皮"不太合适，因为幼蝎的弃皮和真正的蜕皮是有差别的，并且蜕皮是要通过很多次的。蜕皮是在胸廓上破裂开一条缝儿，虫子只经过这条缝儿，把整个身体全部露出来，脱下一套再也不穿的干燥衣服。只有在扔掉干皮层这一方面，蝎类的弃皮和名符其实的蜕皮一样。蜕皮所扔下的空壳，就好像是一个模板，非常逼真地保存着模塑物的外形。

我们此刻正察看的，完全是另外一码事。我将几只正处于弃皮过程中的幼蝎搁在一块玻璃片上。它们静止不动地趴在那儿，看上去非常受罪，几乎无法支持住了。外皮裂开了，没有一定的裂口，是从四面一起挣开的。足爪从护腿套中挣

名师指津

这段文字叙述了蝎子的蜕皮过程，运用通俗的语言将这个过程描写得非常细致，简单易懂。

脱出来，钳子探出护手甲，尾巴由剑鞘中抽出来。脱下的外皮落在地面上，就像一堆破烂的衣服片。这是一种既没有按照次序，也没有保持完好体形的剥落。这个过程完毕以后，外皮剥落的幼蝎也就暴露出了蝎类整齐的外形。还不只是这些，它们的动作也变得迅速了。

尽管它们还是浑身惨白，可行动敏捷多了，一眨眼的工夫就到了地上，在母亲身旁嬉戏，飞跑。最令人惊讶的变化，表现在身体一下子变长这点上。朗格多克蝎幼蝎的身体长度，先前是九毫米，此刻则变成十四毫米。身体的长度增加了半倍，体积同样增加了两倍还要多。而普通的黑蝎身长六七毫米左右。

吃惊之余，我们不由得会问，身体忽然变长是什么原因呢？实际上，幼蝎并没有吃进去什么东西啊。要说体重，不只是没有增加，倒是还减少了，因为丢弃了一层外皮。一句话，体积扩大，质量没有增加。所以，这是一种体积达到一定程度就会扩大的膨胀，与这个道理相通的现象，可以举出没有经过加工的物体而受到的热膨胀。由于内在的变化，生命分子结合成空间更大的机体，在并没有新物质的成分增加的前提下，体积却在渐渐增加了。我觉得，谁要是特别有耐心，而且配设一套合适的武器，那么他或许就可以跟踪看到这一建筑结构的不断迅速突变，最后得到一定的质量。我是自己感到自己的知识不够了，这难题就交给其他人去探索吧。

幼蝎剥下的外表，是一些白颜色的条形物，好像上了光的破碎衣服片。它们绝对不会落在地上，而是紧紧地粘在雌蝎的后背上，尤其是贴近足爪根基那个地方，混合夹杂成一片软绵绵的白毯。刚剥下外皮的幼蝎，恰巧停息在白毯上。

名师指津

作者在遇到问题的时候一直都在不停地思考和探寻。寻根究底的好奇心，是科学发展必不可少的因素。

坐骑此时配了一层鞍垫，骑手们的身子晃动的时候，可以依靠它来稳住身体的姿态。幼蝎的破衣层，同样是结实无比的鞍辔，可以给骑手们提供抓把、蹬踏的帮助，上、下马这一连串的动作变得更加轻松方便。

我用毛笔轻轻地赶走母蝎背上的孩子们，面前马上出现了非常高兴的场景。失镫掉马的骑手们，用异常迅速敏捷的行动急忙上马。它们拽住鞍辔垂条，凭借着尾巴支撑竿的力气朝上一蹿，转眼间翻身坐好。这种给骑手上马预备的鞍辔，可以牢靠地待上大约一个星期，即一直保留到幼蝎的监护消除。那个时刻一到，垫毯就完全或者一部分松垮下来。随着小家伙们向各个方向散开，垫毯也将会消失。

幼蝎开始呈现出身体的颜色，腹、尾部都染上一层金黄，钳子透露出半透明大理石一般的剔透。青春会让所有的一切都变得无比美好，我的小朗格多克蝎们的确是太美妙迷人了。假如它们能够保持此时的这个样子，并且没有长着一个马上将会让人害怕的毒汁蒸馏器的话，就会成为人们十分愿意饲养的绝佳宠物。

过不了多久，它们就会萌发排解监护的模糊理想。它们兴高采烈地从母亲的背上爬下来，在它旁边高兴地嬉戏。假如它们走得太远，母亲就会提出警告，而且用前臂双耙在沙土上胡刮动弹着，把它们再次拢在一块儿。

每逢短时间休息时，雌蝎身旁会出现不低于母鸡和小鸡歇息时的激烈情景。大部分小蝎都趴在地上，拥挤在母亲的身旁。有几只小蝎在白垫毯上待着，可这会儿的垫毯，已变成了一块块小小的坐垫。有些小蝎沿着母亲的尾巴向高处爬

◀名师释疑▶

鞍辔（pèi）：骑马的用具，或指驾驭牲口用的嚼子和缰绳。

名师指津

作者将小朗格多克蝎比作青春洋溢的少年，表达了作者对朗格多克蝎的喜爱。

去，攀到那螺旋峰的顶巅上面，颇有兴致地从那儿尽情地欣赏脚下的蝎群场面。另外一组杂技演员忽然向山顶追赶过去，轰跑已经过了欣赏瘾的同伙，接着取代它们。每一个小家伙，都想使自己对观景台的那份好奇心得以满足。

即使大多数家庭成员聚在母亲的身边，它们同样不闲着，在那儿一个劲儿地晃动着。它们钻到母亲的肚子下面，蜷缩起身体，露着脑门儿，视觉器官的黑点在脑门前忽闪着。那些最不知闲的，对母亲的足爪感起了兴趣，把它们当成健身器材来玩耍，在聚精会神地练习吊杠。过了片刻，大家不再玩耍了，再次爬到母亲的背上，自己找到一个适合自己的好位置，安静下来。这时，谁都不动弹，母亲和孩子，同样没有一个例外。

此刻是小蝎的成熟期，同样是解除监护的预备时期，时间延续一周，碰巧和不吃东西而增加两倍体积的独特工作花费的时间同样长。蝎类的家庭，一共在母亲的背上待了 15 天。

母狼蛛驮孩子的时间达到了六七个月，在这段时间里小狼蛛不需要吃东西，却一直保持着灵敏快速的行动和喜欢动弹的个性。那么，母蝎的孩子们吃什么东西呢？特别是通过蜕变而得到新生以及灵活性以后，母亲会不会请它们共同分享自己的食物？会不会把自己茶点中较为柔软的食物留给它们呢？真实的情况是，它谁都不请，一点儿食物也不留下。

我扔给母蝎一只蝗虫，是从我觉得和小蝎的口味相配的小型野味中选择的。母亲慢慢地咀嚼着肉，根本不去顾及身边的孩子们。正当这个时候，有一只小蝎打母亲的背上跑过来，直爬到脑门上，倾斜着把身体探出去，看母亲正在做什么事情。小蝎的爪尖碰到了母亲的下颌，小家伙忽然缩回去，魂

名师指津
连续用几个问句表达了作者的好奇，也引发了读者的好奇心。

儿也吓跑了。它离开那儿，还算是明智之举。这位咀嚼起来无法合拢嘴的长辈，不光绝对不会给小蝎留下哪怕一口食物，还完全有可能会突然咬住它，<u>肆无忌惮</u>地吞入自己的肚子里。

母蝎正啃咬蝗虫的头，有一只小蝎挂在蝗虫尾巴的部位。小家伙慢慢地去咬，偷偷地去拉，真希望能吃上一小块。但是，它打消了自己的念头，因为这一部位实在太坚硬了。

另外还有一种情况也经常看到。小蝎刚刚开始有胃口，假如母亲稍微留意一些，喂它们几口吃的，尤其是适合它们柔软<u>嗉囊</u>的东西，它们肯定会非常开心地接受母亲的赏赐。但是，母亲只想着自己吃，其他事完全抛到一边去。

你们应当怎么做呢，啊，让我经历了美好日子的美丽的小蝎？你们是打算离开了，打算去很远的地方寻找食物，寻找一点儿也不起显眼的小虫。这点，从你们慌乱的游窜中可以看出来。你们正远离母亲，是它不再把你们当成自己的孩子了。对啊，你们长得太强壮了，是自己走自己路的时候了。

如果我清楚你们喜欢吃怎样的小野味，如果我有足够的闲暇时间为你们抓活食，那样的话我会有多开心！我会接着喂养你们，并且再也不把你们放在玻璃笼中，再也不让你们身处在碎瓦片中间，混杂于老年的社会中。我深刻地认识到，那些老家伙心胸狭窄，无法容忍。那些老妖怪会吞下你们的，我的小宝宝们。母亲是不会去保护你们的，它已经把你们看成是陌生的同类了。第二年求偶的时令，它同样会怀着妒忌心吞下你们。你们应当离开；并且，为了多加小心，也一定要这么做。

如果不离开，你们住在什么地方，又以什么样的方式生存下去呢？我们最好还是告别，尽管我内心有些<u>无</u>法忍受。

从今后的几天中随便找一天，我将会领着你们去属于你们自己的世界，把你们放在那儿。那儿的山坡上，有相当多的石头呢，并且到处都洒满了阳光。你们在那儿能够找到自己的同伙，它们和你们一样，刚刚成长。可它们已经在还没有一指宽的狭窄石头下，过上了自己独立的日子。我活泼可爱的小生灵们，你们在那儿，将会比在我家更加能够学会如何生活，学会为生活而努力地奋斗。

名 师 赏 析

　　本篇文章与寻常讲述蝎子的科普文章有所不同，不是在于介绍常见的蝎子的普遍习性，而是从特殊的问题和种类出发，告诉我们一些新奇的知识，十分富有新意。一方面，通过描写人们常常疏忽大意的细节，推翻在我们脑海中根深蒂固的错误观念。例如，白蝎被火烘烤后，倒地静止不动只是一时的假象，过后竟会恢复活力。因此用白蝎被烘烤后昏倒来证明昆虫会自杀是荒谬的，恰恰相反，昆虫并没有自杀的意识。另一方面，细致入微地观察我们知之甚少的朗格多克蝎，介绍我们之前从书本中看不到的生活写照。让我们知道了蝎子看似在打架，实则在互诉爱意；蝎子幼虫"弃皮"后会出现和热膨胀一样原理的身体膨胀等。更为重要的是，作者依据自己的亲身经验，告诉我们要是保持头脑探索钻研的自由，就不能过于轻信和依赖书籍。而是要在不同思路支配的实践积累中，找寻答案。

本文除了运用以往的比喻，拟人修辞方法使得文章生动外，还采取了大量的纪实语言。对砍柴工人的采访，与学者巴斯德的交谈，其中的内容以直白对话的形式出现，除此，观察日期也都一一记录。平实的语言不仅增添了文章内容的准确性，同时自然亲切的风格也拉近了与读者之间的距离。

学习借鉴

好词

五脏六腑　难以忍受　夸大其词　不可忽视

清澈透明　跌跌撞撞　光明磊落　想方设法

好句

＊它们的毒囊一下子撞在一起，说时迟那时快，在蜇针那坚硬的尖上分明挂着一小滴清澈透明的毒液。

＊一切有生命的东西，除了人类，都不会有愿意轻易终止生命的精神力量。

思考与练习

1.作为蝎子种类中较为特殊的朗格多克蝎，它的哪些特点给你留下了深刻印象？

2.观察一种你感兴趣的动物，也学着作者写写观察日记吧。